U0325437

2022
河北省可再生能源
发展报告

河北省能源局　水电水利规划设计总院　河北省能源规划研究中心　主编

RENEWABLE ENERGY DEVELOPMENT
REPORT OF HEBEI PROVINCE 2022

中国经济出版社
CHINA ECONOMIC PUBLISHING HOUSE

·北 京·

图书在版编目（CIP）数据

河北省可再生能源发展报告. 2022 / 河北省能源局，水电水利规划设计总院，河北省能源规划研究中心主编
. -- 北京：中国经济出版社，2023.6
  ISBN 978-7-5136-7341-9

Ⅰ. ①河… Ⅱ. ①河… ②水… ③河… Ⅲ. ①再生能源 - 能源发展 - 研究报告 - 河北 - 2022 Ⅳ. ① F426.2

中国国家版本馆 CIP 数据核字（2023）第 098414 号

责任编辑　姜　静　马伊宁
责任印制　马小宾

出版发行　中国经济出版社
印 刷 者　北京富泰印刷有限责任公司
经 销 者　各地新华书店
开　　本　889mm×1194mm　1/16
印　　张　7
字　　数　150 千字
版　　次　2023 年 6 月第 1 版
印　　次　2023 年 6 月第 1 次
定　　价　198.00 元

广告经营许可证　京西工商广字第 8179 号

中国经济出版社 网址 www.economyph.com 社址 北京市东城区安定门外大街 58 号 邮编 100011
本版图书如存在印装质量问题，请与本社销售中心联系调换（联系电话：010-57512564）

2022 年，全球能源供需严重失衡，能源价格大幅飙升，能源安全挑战空前。全球能源清洁转型在复杂严峻的外部环境下不断突围，可再生能源持续稳步发展。百年变局和世纪疫情交织叠加，不稳定性不确定性显著上升，我国坚定碳达峰碳中和发展目标，统筹能源安全和绿色低碳转型发展，可再生能源发展再创历史新高。

大力发展可再生能源是我国生态文明建设、可持续发展的客观要求，是实现碳达峰碳中和目标、践行应对气候变化自主贡献承诺的主导力量。河北省坚定能源绿色转型发展理念，结合自身可再生能源资源、市场需求、产业发展、技术实际情况，出台《"十四五"可再生能源发展规划》《河北省"十四五"节能减排综合实施方案的通知》等政策文件，锚定碳达峰碳中和发展目标，提出按照 2025 年非化石能源消费占比 20% 左右任务要求，大力推动可再生能源发电开发利用。

一年来，河北省可再生能源发展成果显著，太阳能发电呈现规模化、基地化发展，同时积极探索分布式光伏 + 储能模式；百万千瓦风电基地规划建设有序推进，加快海上风电规划布局及产业链建设；抽水蓄能项目按照"四个一批"总体部署，全力加快抽水蓄能开发建设；生物质发电装机有所增加，非电利用稳步增长；地热规模化开发迎来新的发展机遇，行业管理逐步规范；绿氢产能稳步增长，产业政策体系逐步完善；新型储能发展扎实起步，示范应用成效初步显现。

截至 2022 年底，全省可再生能源累计并网装机容量 7289.2 万 kW，同比增长 24.4%；可再生能源累计并网装机容量占全省电力总装机容量的 58.5%，比 2021 年提高 5.5 个百分点。2022 年全省可再生能源新增并网装机容量 1425.8 万 kW，其中，风电 250.4 万 kW、太阳能发电 934 万 kW、生物质发电 9.3 万 kW、水电 211.5 万 kW，储能 20.6 万 kW。可再生能源发电量 1153.9 亿 kW·h，同比增长 30.8%，可再生能源发电量占全部发电量比例为 34.6%。

　　"大鹏一日同风起，扶摇直上九万里。""十四五"期间，河北省把发展可再生能源作为当前和今后一个时期全省能源生产与消费革命的重要抓手，坚持政策和市场双轮驱动，加快推进可再生能源技术进步和产业升级，为能源结构调整和经济社会可持续发展提供坚强保障，为美丽河北赋能。

　　《河北省可再生能源发展报告 2022》由河北省能源局、水电水利规划设计总院、河北省能源规划研究中心联合编写，坚持立足于积极稳妥推进碳达峰碳中和目标实现的新形势和新要求，全面总结了 2022 年河北省可再生能源发展成就，分析研判未来发展趋势，为河北省可再生能源发展提出建议。在报告编写过程中，得到了上级部门、相关机构和企业的大力支持和指导，在此谨致以衷心感谢！

编委会

二〇二三年五月

目 录
Content

1 发展综述

　　截至 2022 年底，全省可再生能源累计并网装机容量 7289.2 万 kW，占全省电力总装机容量（12452.7 万 kW）58.5%。其中，风电 2796.7 万 kW，太阳能发电 3855.3 万 kW，生物质发电 219.1 万 kW（农林生物质发电 71.2 万 kW、垃圾发电 145.9 万 kW、沼气发电 2 万 kW），水电 393.1 万 kW（小水电 56.1 万 kW、抽水蓄能 337 万 kW），储能 25 万 kW。2022 年全省可再生能源新增并网装机容量 1425.8 万 kW，其中，风电 250.4 万 kW、太阳能发电 934 万 kW、生物质发电 9.3 万 kW、水电 211.5 万 kW，储能 20.6 万 kW。

1.1　2022 年可再生能源发电装机情况

　　截至 2022 年底，河北省各类电源总装机容量 12452.7 万 kW，同比增长 12.4%，其中，火电装机容量 5163.4 万 kW，同比减少 1.07%；可再生能源发电装机容量 7289.2 万 kW，同比增长 24.4%。2022 年可再生能源装机容量占全部电力装机容量的 58.5%，比 2021 年提高 5.5 个百分点。可再生能源装机中，水电装机容量 393.1 万 kW（含抽水蓄能 337 万 kW），同比增长 116%；风电装机容量 2796.7 万 kW，同比增长 9.8%；太阳能发电装机容量 3855.3 万 kW，同比增长 32%；生物质发电装机容量 219.1 万 kW，同比增长 4.3%。2018—2022 年可再生能源装机容量及增长率变化对比见图 1.1-1；2022 年和 2021 年各类电源累计装机容量见表 1.1-1；2022 年河北省各类电源装机容量及占比见图 1.1-2。

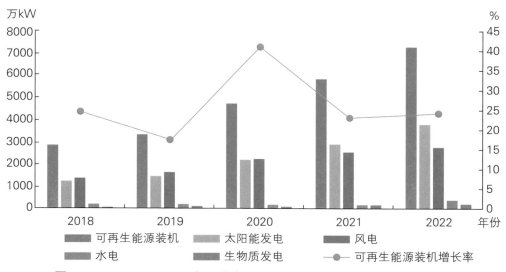

图 1.1-1　2018—2022 年河北省可再生能源装机容量及增长率变化对比

表 1.1-1   2022 年和 2021 年河北省各类电源累计装机容量

电源类型	装机容量 / 万 kW		同比增长 /%
	2022 年	2021 年	
总装机容量	12452.7	11078	12.4
可再生能源发电	7289.2	5859	24.4
太阳能发电	3855.3	2921	32.0
风电	2796.7	2546	9.8
水电	393.1	182	116.0
其中：抽水蓄能	337	127	165.4
生物质发电	219.1	210	4.3
火电	5163.4	5219	−1.1

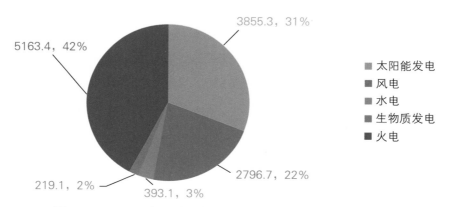

图 1.1-2   2022 年河北省各类电源装机容量（万 kW）及占比

1.2   2022 年可再生能源发电量情况

2022 年，河北省各类电源全口径总发电量 3335.6 亿 kW·h，同比增长 8.5%。其中，火电发电量 2181.6 亿 kW·h，同比下降 0.5%；可再生能源发电量 1153.9 亿 kW·h，同比增长 30.8%。可再生能源发电量中，水电发电量 37.2 亿 kW·h，同比增长 55%；风电发电量 587.3 亿 kW·h，同比增长 14.7%；太阳能发电量 442.8 亿 kW·h，同比增长 58.7%；生物质发电量 86.6 亿 kW·h，同比增长 29.3%。2018—2022 年可再生能源发电量及增长率变化对比见图 1.2-1；2022 年和 2021 年各类电源发电量见表 1.2-1；2022 年河北省各类电源发电量及占比见图 1.2-2。

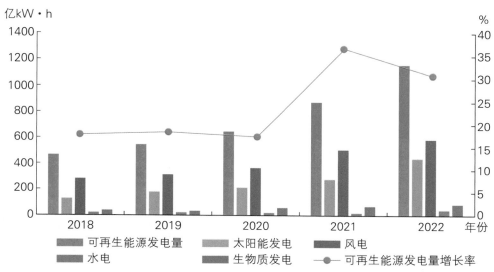

图 1.2-1　2018—2022 年河北省可再生能源发电量及增长率变化对比

表 1.2-1　2022 年和 2021 年河北省各类电源发电量一览表

电源类型	发电量 / 亿 kW·h		同比增长 /%
	2022 年	2021 年	
总发电量	3335.6	3074	8.5
可再生能源发电	1153.9	882	30.8
太阳能发电	442.8	279	58.7
风电	587.3	512	14.7
水电	37.2	24	55.0
其中：抽水蓄能	25.5	11	131.8
生物质发电	86.6	67	29.3
火电	2181.6	2192	-0.5

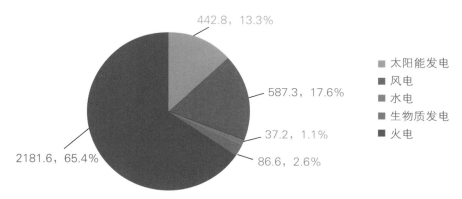

图 1.2-2　2022 年河北省各类电源发电量（亿 kW·h）及占比

2022 年，可再生能源发电量占全部发电量的 34.6%，其中水电占 1.1%、风电占 17.6%、太阳能发电占 13.3%、生物质发电占 2.6%。2018—2022 年河北省各类电源发电量占比见图 1.2-3 和表 1.2-2。

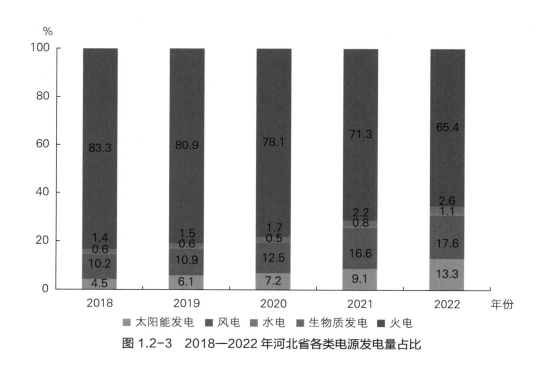

图 1.2-3　2018—2022 年河北省各类电源发电量占比

表 1.2-2　2018—2022 年河北省各类电源发电量占比一览表

类型	2018 年	2019 年	2020 年	2021 年	2022 年
可再生能源发电	16.7%	19.1%	21.9%	28.7%	34.6%
太阳能发电	4.5%	6.1%	7.2%	9.1%	13.3%
风电	10.2%	10.9%	12.5%	16.7%	17.6%
水电	0.6%	0.6%	0.5%	0.8%	1.1%
生物质发电	1.4%	1.5%	1.7%	2.2%	2.6%
火电	83.3%	80.9%	78.1%	71.3%	65.4%

2 发展形势

2.1 世界可再生能源发展形势

近年来，世界各国政府高度重视能源安全保障、生态环境保护、气候变化应对等问题，并积极探索能源转型新路线，加快推进可再生能源开发利用。当前太阳能光伏发电和陆上风电已成为多数国家新增电源的经济选择。2022 年 12 月，国际能源署发布《2022 年可再生能源报告》，预计 2022—2027 年全球可再生能源发电装机容量将增加 2400GW，占全球电力增量的 90% 以上。到 2025 年初，可再生能源将超过煤炭成为全球第一大电力来源。

据国际可再生能源机构（International Renewable Energy Agency，IRENA）的数据，截至 2022 年底，全球可再生能源装机容量达到 337200 万 kW，同比增长 9.6%，即净增加 29500 万 kW。可再生能源占新增装机容量的 83%，增长幅度最多的地区主要位于亚洲、美国和欧洲。亚洲地区新增 17490 万 kW，其中，中国可再生能源新增装机最多，达到 14100 万 kW。欧洲新增 5730 万 kW，北美洲新增 2910 万 kW，南美洲新增 1820 万 kW，其余地区新增共计 1550 万 kW。

2.2 中国可再生能源发展形势

为应对依旧严峻的国家能源安全保障形势和突出的环境污染问题，以及日益增大的气候变化压力，国家提出推进能源生产和消费革命，构建清洁低碳、安全高效的能源体系，实施能源绿色发展战略，推动清洁能源成为能源增量主体。大力发展水能、风能、太阳能等可再生能源，构建高比例可再生能源体系是构建现代能源体系的重要路径，是优化能源结构、保障能源安全、推进生态文明建设的重要举措。

2020 年 12 月 12 日，中国在联合国大会和气候雄心峰会上庄严宣布，中国将提高国家自主贡献力度，采取更加有力的政策和措施，力争 2030 年前二氧化碳排放达到峰值，努力争取 2060 年前实现碳中和。到 2030 年，中国单位国内生产总值二氧化碳排放将比 2005 年下降 65% 以上，非化石能源占一次能源消费比重将达到 25% 左右，风电、太阳能发电总装机容量将达到 12 亿 kW以上。上述目标充分体现了我国应对气候变化的力度，彰显了中国积极应对气候变化、走绿色低碳发展道路的坚定决心。

截至 2022 年底，中国可再生能源发电装机容量 121229 万 kW，同比增长约 14%，占全口径总发电装机容量的 47.3%，正式超过全国煤电装机容量。其中，水电装机容量 41350 万 kW（含抽水蓄能装机容量 4579 万 kW），占全部发电装机容量的 16.1%；风电装机容量 36544 万 kW，占全部发电装机容量的 14.3%；太阳能发电装机容量 39203 万 kW，占全部发电装机容量的 15.3%；生物质发电装机容量 4132 万 kW，占全部发电装机容量的 1.6%。

2022 年，中国可再生能源发电量 2.7 万亿 kW·h，同比增长约 9.7%，占全口径总发电量的 31.3%。可再生能源发电量中，水电发电量 13550 亿 kW·h，占全部发电量的 15.6%；风电发电量 7624 亿 kW·h，占全部发电量的 8.8%；太阳能发电量 4276 亿 kW·h，占全部发电量的 4.9%；生物质发电量 1824 亿 kW·h，占全部发电量的 2.1%。2022 年风电、太阳能发电和生物质发电等非水可再生能源发电量 11463 亿 kW·h，占可再生能源发电量的 49.8%。

综合来看，伴随着中国能源生产和消费革命的加快推进，能源生产质量将逐步提高，能源消费基本保持稳定增长态势。消费结构方面，可再生能源消费占比不断提升，在逐渐成为能源消费增量主体的同时，逐步走向存量替代。可再生能源生产方面，常规水电和抽水蓄能仍有较大的发展潜力和发展空间；随着技术进步、成本下降和系统灵活性提升，新能源逐渐成为可再生能源电力的增量主体。

2.3　河北省可再生能源发展形势

聚焦建设新型能源强省

贯彻落实党的二十大精神，河北将建设新型能源强省作为中国式现代化河北场景之一。聚焦建设清洁高效、多元支撑的新型能源强省，着眼构建"风、光、水、火、核、储、氢"多能互补的能源格局。省级能源主管部门成立了 7 个工作专班，重点实施七大专项行动，扎实推进中国式现代化河北场景落地实施。

河北省可再生能源装机容量及发电量稳步增长

河北省可再生能源资源丰富，风电、太阳能发电等可再生能源发展空间大，2017 年以来，河北省可再生能源发电装机容量和发电量保持稳步增长。

2017—2022 年，河北省可再生能源发电装机容量平均增长率为 25.9%。从河北省电力装机情况看，可再生能源发电装机容量占总电力装机比例从 2017 年的 34% 提升到 2022 年的 59%，火电装机容量占总电力装机比例从 66% 下降到 41%。2017—2022 年，可再生能源发电量平均年增长率约 24%，可再生能源发电量占河北省电力总发电量的比例从 2017 年的 15% 提升到 2022 年的 35%。

2017—2022 年，河北省可再生能源发电装机容量及新增装机容量见表 2.3-1 和图 2.3-1。从装机容量增量来看，2017—2022 年可再生能源发电新增装机容量在总新增装机容量中占比普遍较高，2022 年可再生能源发电新增装机容量为 1430 万 kW，已成为省内新增电源的主体。

表 2.3-1　2017—2022 年河北省可再生能源发电装机容量及新增装机容量一览表

类型	2017 年	2018 年	2019 年	2020 年	2021 年	2022 年
可再生能源发电装机容量 / 万 kW	2301	2866	3369	4761	5859	7289
总装机容量 / 万 kW	6807	7411	8304	9918	11077	12453
可再生能源装机容量占比 /%	34	39	41	48	53	59
新增可再生能源发电装机容量 / 万 kW	486	565	503	1392	1098	1430
新增总装机容量 / 万 kW	534	604	893	1614	1159	1376
新增可再生能源装机容量占新增总装机容量的比例 /%	91	94	56	86	95	104

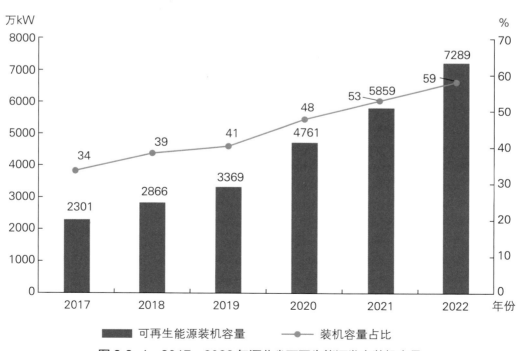

图 2.3-1　2017—2022 年河北省可再生能源发电装机容量

2017—2022 年，河北省可再生能源发电量及新增发电量见表 2.3-2 和图 2.3-2。从发电量增量来看，2022 年可再生能源发电增量在总新增发电量中占比较高，2022 年可再生能源发电量为 1154 亿 kW·h。

表 2.3-2　2017—2022 年河北省可再生能源发电量及新增发电量一览表

类型	2017 年	2018 年	2019 年	2020 年	2021 年	2022 年
可再生能源发电量 / 亿 kW·h	394	464	549	645	882	1154
总发电量 / 亿 kW·h	2657	2787	2883	2945	3074	3336
可再生能源发电量占比 /%	15	17	19	22	29	35
新增可再生能源发电量 / 亿 kW·h	88	70	85	96	237	272
新增总发电量 / 亿 kW·h	181	130	96	62	129	262
新增可再生能源发电量占新增总发电量的比例 /%	49	54	89	155	184	104

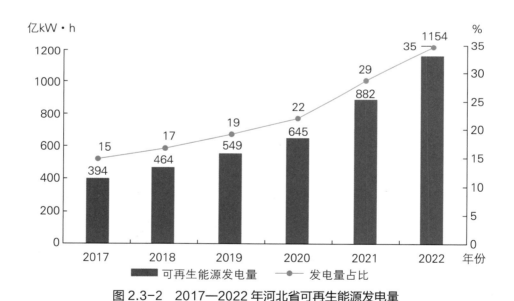

图 2.3-2　2017—2022 年河北省可再生能源发电量

风电、太阳能发电是河北省可再生能源发展绝对主力

2017—2022 年，河北省风电、太阳能发电等新能源发展迅速，风电、太阳能发电装机容量及发电量在河北省可再生能源总装机容量及总发电量中占比均保持较高水平，如表 2.3-3、表 2.3-4 和

图 2.3-3、图 2.3-4 所示。截至 2022 年底，河北省可再生能源发电累计装机容量达 7289 万 kW，风电、太阳能发电装机容量在可再生能源发电装机容量中的占比从 2017 年的 89% 提升到 2022 年的 91%；2022 年可再生能源发电量 1154 亿 kW·h，同比增长 31%，风电、太阳能发电的发电量在可再生能源发电量中的占比从 2017 年的 86% 提升到 2022 年的 89%。

表 2.3-3　2017—2022 年河北省风电、太阳能发电装机容量一览表

类型	2017 年	2018 年	2019 年	2020 年	2021 年	2022 年
风电、光伏发电装机容量 / 万 kW	2049	2610	3098	4464	5467	6652
可再生能源发电装机容量 / 万 kW	2301	2866	3369	4761	5859	7289
风电、光伏发电装机占比 /%	89	91	92	94	93	91
新增风电、光伏发电装机容量 / 万 kW	470	561	488	1366	1003	1185
新增可再生能源装机容量 / 万 kW	486	565	503	1392	1098	1430
新增风电、光伏发电装机占新增可再生能源装机的比例 /%	97	99	97	98	91	83

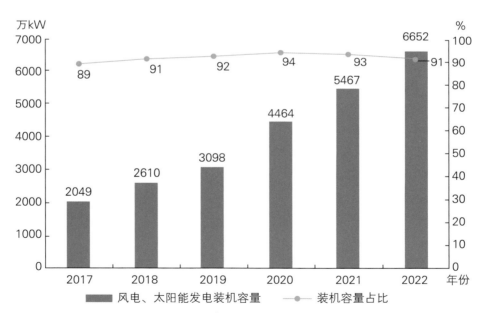

图 2.3-3　2017—2022 年河北省风电、太阳能发电装机容量

表 2.3-4　2017—2022 年河北省风电、太阳能发电量一览表

类型	2017年	2018年	2019年	2020年	2021年	2022年
风电、光伏发电量 / 亿 kW·h	340	409	490	579	790	1030
可再生能源发电量 / 亿 kW·h	394	464	549	645	882	1154
风电、光伏发电量占比 /%	86	88	89	90	90	89
新增风电、光伏发电量 / 亿 kW·h	84	69	81	89	211	240
新增可再生能源发电量 / 亿 kW·h	88	70	85	96	237	272
新增风电、光伏发电量占比 /%	95	99	95	93	89	88

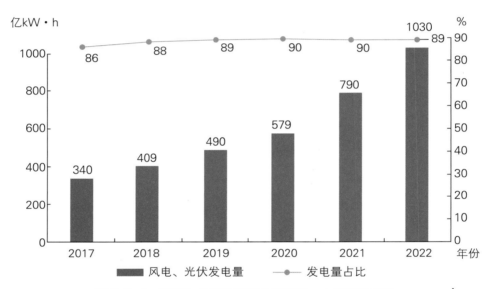

图 2.3-4　2017—2022 年河北省风电、太阳能发电量

多能互补综合开发，推动可再生能源产业发展

为推进河北省现代能源经济高质量发展，加快可再生能源产业发展模式转变，将新能源技术开发的经济效益和社会效益相结合，建设一批"源网荷储"一体化、"风光火储"一体化示范工程，形成高比例本地消纳和外送相结合的新能源基地模式。推动大型技术创新示范基地、多能互补新能源示范工程建设，推进分布式可再生能源电力开发。

推动数字化技术与新能源产业深度融合发展，稳步推进以市场化为导向的能源体制改革，创新驱动新技术、新模式、新业态发展和推广应用。

独立储能迎来市场机遇

2022年5月下旬，河北省明确发文支持全省电网侧独立储能项目发展。根据河北省发展改革委印发的《全省电网侧独立储能布局指导方案》，河北省"十四五"期间电网侧独立储能总体需求规模约1700万kW，其中冀北电网需求900万kW，河北南网需求800万kW。

同年5月，河北省发布了《2022年度列入省级规划电网侧独立储能示范项目清单》，确定了2022年度列入省级规划电网侧独立储能示范项目清单（第一批）。该清单涉及31个电网侧独立储能示范项目，总计规模达5.06GW。

抽水蓄能电站有序发展

河北省抽水蓄能电站规划和建设紧跟国家步伐，截至2022年底，河北省已投运抽水蓄能电站337万kW：唐山潘家口27万kW、石家庄张河湾100万kW、承德丰宁210万kW。省内在建项目7个，装机规模1120万kW。国家规划重点实施项目5个，装机规模560万kW。国家规划储备项目8个，提前开展前期工作，积极推动新增站点纳规。

3 太阳能发电

3.1　资源概况

　　河北省全境处于太阳能资源"很丰富带",太阳能资源由南向北递增,张家口、承德一带资源条件最好,总辐照量平均在 1500kW·h/m² 以上。其中,张承地区的西北部(康保、尚义、沽源)辐照量最高,总辐照量在 1600kW·h/m² 以上。

　　河北省太阳能资源覆盖二类资源区和三类资源区。冀北区域张家口市、承德市、秦皇岛市、唐山市属于二类资源区,可利用小时数达到 1450~1550h,冀南区域六个市及廊坊市属于三类资源区,可利用小时数平均达到 1300h。具备建设地面光伏电站、农光互补太阳能发电、光电建筑一体化等多种形式的开发条件,太阳能发电开发潜力大。

　　根据《中国风能太阳能资源年景公报(2022 年)》,2022 年全国平均年水平面总辐照量为 1563.4kW·h/m²,为近 30 年最高值,与近 30 年(1992—2021 年)平均值相比,偏大45.3kW·h/m²,较近 10 年平均值偏大 54.0kW·h/m²,较 2021 年偏大 70kW·h/m²。全国年水平面总辐照量距平分布有地区性差异,总体来看,西部地区优于中东部地区。

　　2022 年,河北省水平面总辐照量为 1537.5kW·h/m²,同比增长 6.88%。最佳斜面总辐照量为 1857.1kW·h/m²,同比增长 9.26%。其中,河北北部属于 2022 年全国太阳能很丰富的地区之一。

　　经统计,河北省各市太阳能技术可开发容量约 12200 万 kW,其中,张家口、保定、承德和沧州的可开发容量占总可开发容量的比重最大,分别为 23.23%、13.44%、13.03% 和 12.95%。通过比较各市可用于光伏发电的未利用面积,分析出张家口、保定、承德三市未利用面积较大,项目开发条件好,可确定为河北省最适合开发光伏发电项目的 3 个区域,此外定州、辛集可确定为河北省光伏发电资源最低的 2 个区域。河北省各市集中式光伏可开发容量见图 3.1-1。

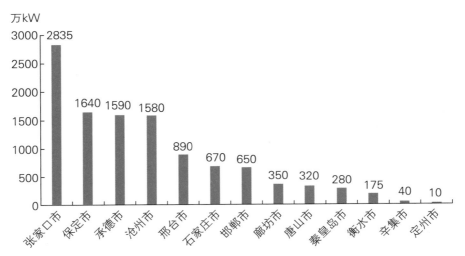

图 3.1-1　2020—2030 年河北省各市集中式光伏可开发容量

3.2　发展现状

装机规模平稳增长

2022 年，河北省新增并网装机 934 万 kW，累计光伏发电并网容量为 3855.3 万 kW（集中式 1969.5 万 kW，分布式 1885.8 万 kW），年增长率为 32%。其中，国网河北省电力有限公司管辖区域（以下简称河北南网）累计光伏发电并网容量 2535.9 万 kW，国网冀北电力有限公司管辖区域（以下简称冀北电网）累计光伏发电并网容量 1319.4 万 kW。2017—2022 年河北省光伏发电装机容量及变化趋势见图 3.2-1。

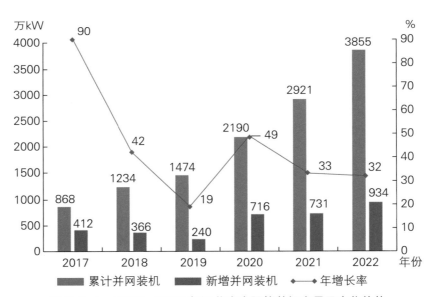

图 3.2-1　2017—2022 年河北省太阳能装机容量及变化趋势

分市看，河北省太阳能发电装机主要集中在张家口、保定、邢台、石家庄、沧州 5 个市，截至2022 年底，张家口、保定、邢台、石家庄、沧州五市的光伏发电并网装机容量分别为 825 万 kW、564 万 kW、543 万 kW、484 万 kW、479 万 kW。2022 年河北省各地市光伏装机容量及变化趋势见图 3.2-2。

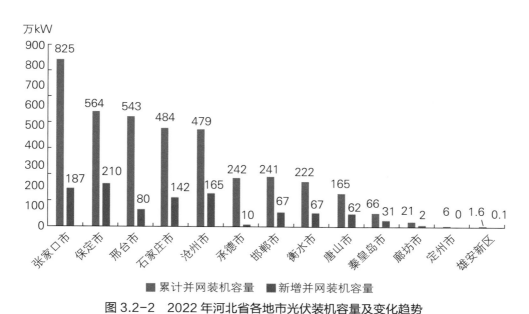

图 3.2-2　2022 年河北省各地市光伏装机容量及变化趋势

分布式光伏装机规模快速增长

2022 年，河北省分布式光伏新增并网装机 599.85 万 kW，累计分布式光伏并网装机1885.84 万 kW，包括工商业分布式光伏 30708 个、402.43 万 kW；户用分布式光伏 707792 个、1483.41 万 kW。其中：河北南网分布式光伏并网装机 1543.73 万 kW，包括工商业分布式光伏 21056 个、253.5 万 kW；户用分布式光伏 593931 个、1290.23 万 kW；冀北电网分布式光伏并网装机 342.11 万 kW，包括工商业分布式光伏 9652 个、148.93 万 kW；户用分布式光伏113861 个、193.18 万 kW。2022 年河北省分布式光伏并网规模见表 3.2-1。

表 3.2-1　2022 年河北省分布式光伏并网规模　　　　　　　　　　　单位：万 kW

项目	合计	河北南网	冀北电网
工商业分布式光伏	402.43	253.5	148.93
户用分布式光伏	1483.41	1290.23	193.18
合计	1885.84	1543.73	342.11

分市看，河北省分布式太阳能发电装机主要集中在河北南网地区，其中保定、沧州、石家庄最为突出，截至 2022 年底，保定、沧州、石家庄的分布式光伏发电并网装机容量分别为 325 万 kW、286 万 kW、268 万 kW。2022 年河北省各地市分布式光伏装机容量及变化趋势见图 3.2-3。

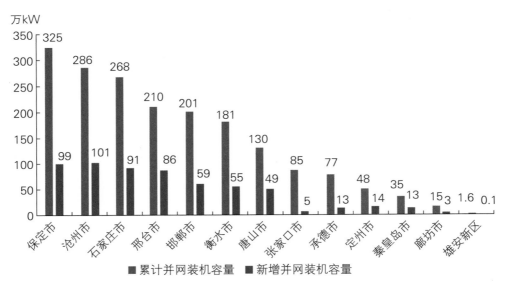

图 3.2-3　2022 年河北省各地市分布式光伏装机容量及变化趋势

发电量持续增长

"十三五"以来，光伏年发电量占河北省电源总发电量比重相对平稳，年发电量持续增长。2022 年，河北省光伏年发电量达到 443 亿 kW·h，同比增长 58.7%，占本地全部电源年发电量的 13.3%。其中，河北南网光伏年发电量达到 267.06 亿 kW·h，同比增长 65.6%，冀北电网光伏年发电量达到 175.78 亿 kW·h，同比增长 44.3%。2016—2022 年河北省光伏发电量及变化趋势见图 3.2-4；2022 年河北省各地市光伏发电量见图 3.2-5。

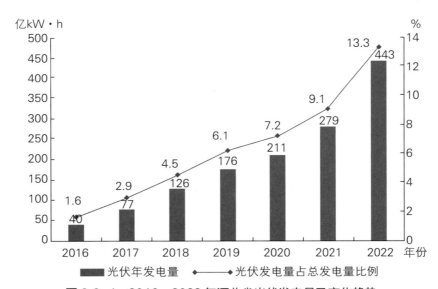

图 3.2-4　2016—2022 年河北省光伏发电量及变化趋势

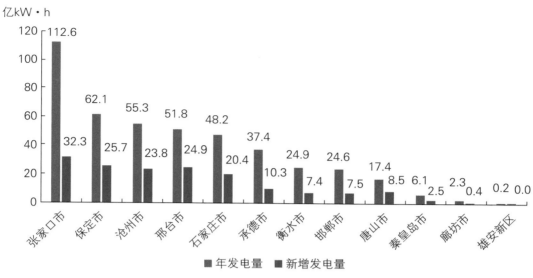

图 3.2-5　2022 年河北省各地市光伏发电量

分布式光伏发电量大幅提升

截至 2022 年底，全省分布式光伏年发电量 199.7 亿 kW·h，同比增长 81.4%。其中，河北南网分布式光伏年发电量达到 162.13 亿 kW·h，同比增长 104.2%；冀北电网分布式光伏年发电量达到 45.52 亿 kW·h，同比增长 29.8%。2022 年河北省各地市分布式光伏发电量见图 3.2-6。

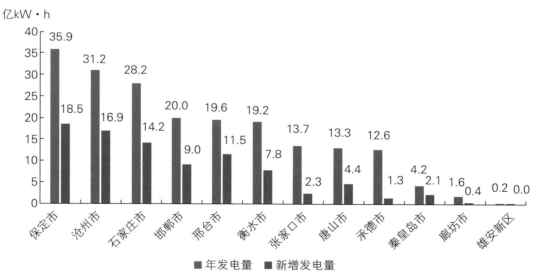

图 3.2-6　2022 年河北省各地市分布式光伏发电量

3.3　前期工作

光伏基地规划建设有序推进

2022 年 11 月 4 日，河北省发展改革委发布《关于做好 2022 年风电、光伏发电项目申报工作的通知》。开展 2022 年风电、光伏发电项目竞争性配置，全省共安排风光保障性并网规模 1000 万 kW，要求参与竞争性配置的南网、北网保障性项目配置储能规模分别不低于项目容量 10%、15%，连续储能时长不低于 2h，光伏发电项目应于 2024 年 6 月 30 日前全容量建成并网；全省安排风光市场化并网规模 1000 万 kW，市场化并网项目应自主调峰，不增加电网调峰压力；全省安排储备类并网项目规模 1500 万 kW。

2022 年 6 月 24 日，河北省发展改革委公示《河北省 2022 年大型风电光伏基地项目》，拟安排第二批大型风电光伏基地项目 5 个，共计 585 万 kW，其中光伏项目 525 万 kW，分别由大唐集团、华能集团、华润集团获得。

大力推进"分布式光伏 + 储能"模式

2022 年 3 月 16 日，河北省能源局发布关于印发《屋顶分布式光伏建设指导规范（试行）》的通知，屋顶分布式光伏项目逐步按照"光伏 + 储能"方式开发建设，以确保电网安全运行和用户供用电安全为原则，统筹考虑负荷特性和电能质量要求进行储能配置。

屋顶分布式光伏配套储能，可选择自建、共建或租赁等方式灵活开展配套储能建设。屋顶分布式光伏设计使用年限不应小于 25 年。自然人的屋顶分布式光伏项目应不大于 50kW。

配套储能原则上应在主要并网点集中建设，优先采用 380 伏并网，并网点应在分布式光伏并网点附近，以解决部分台区电压偏差、设备重过载、就地无法消纳等问题。配套储能以不出现长时间大规模反送、不增加系统调峰负担为原则，综合考虑整县屋顶分布式光伏开发规模、负荷特性等因素，确定储能配置容量，提升系统调节能力。配套储能装置应满足 10 年（5000 次循环）以上工作寿命，系统容量 10 年衰减率不超过 20%。

光热发电试点项目有序开展

2022 年 6 月 19 日，河北省人民政府发布《河北省碳达峰实施方案》，方案提出，到 2025 年非化石能源消费比重达到 13% 以上，鼓励建设太阳能光热发电示范项目。

3.4　投资建设

太阳能发电成本优势凸显

2022 年，俄乌战争致使欧洲天然气紧缺，国际光伏组件需求量增加，硅料产能供不应求，主流组件厂家海外出货量明显增加。我国太阳能应用市场受其影响，组件价格短期内上涨，但随后持续下降，整体呈下降趋势。同时，全国太阳能发电统一竞争性配置等竞争机制引导企业加强系统优化和成本控制，太阳能发电初始投资成本保持下降趋势。2022 年，河北省光伏电站单位千瓦平均造价约 4000 元，与 2021 年基本持平。

光伏发电系统建设投资主要由光伏组件、逆变器、支架、电缆等主要设备成本，以及建设费用、土地成本及前期开发及管理费用等构成。以河北省典型光伏电站为例，光伏组件占到了建设投资的 50% 左右（见表 3.4-1），仍是最主要的构成部分。光伏发电系统的建设，根据建设方案不同，投资略有浮动，表 3.4-1 分别按平单轴、固定可调、固定式三种方案，分析其详细成本构成。

表 3.4-1　2022 年河北省光伏项目单位千瓦建设投资构成

类型	组件 + 安装	支架 + 安装 + 基础	逆变器及箱变 + 安装 + 基础	其他电气（接地、调试、车辆等）	其他土建（电缆沟、围栏等）	建设用地费	升压站、集电、储能	送出线路	其他费用（管理费、生产准备费等）
平单轴	46%	17%	4%	1%	2%	4%	15%	2%	6%
固定可调	49%	15%	5%	1%	3%	3%	15%	2%	6%
固定式	51%	14%	5%	1%	3%	3%	15%	2%	6%

3.5　运行消纳

利用小时数同比明显提高

2022 年河北省太阳能发电年平均利用小时数为 1330h，较 2021 年同比增加 179h，同比上升 15.5%。其中，河北南网太阳能发电年平均利用小时数为 1206.2h，冀北电网太阳能发电年平均利用小时数为 1499h。由于 2022 年全省光伏装机规模比 2021 年增加 934 万 kW，同比增长

32%，增长率较高，所以，虽然利用小时数有所提升，但弃光率依然略有增加。2018—2022 年河北省太阳能发电利用小时数、2022 年河北省各地市太阳能发电利用小时数见图 3.5-1 和图 3.5-2。

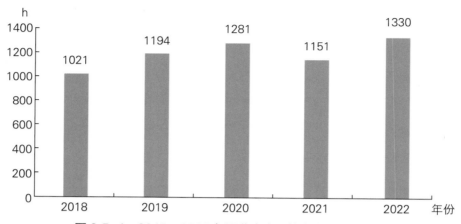

图 3.5-1 2018—2022 年河北省太阳能发电利用小时数

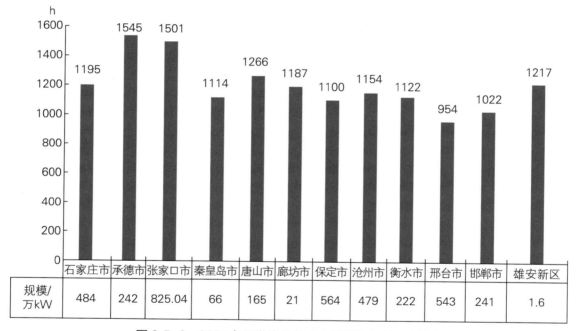

	石家庄市	承德市	张家口市	秦皇岛市	唐山市	廊坊市	保定市	沧州市	衡水市	邢台市	邯郸市	雄安新区
规模/万kW	484	242	825.04	66	165	21	564	479	222	543	241	1.6

图 3.5-2 2022 年河北省各地市太阳能发电利用小时数

电力消纳情况小幅波动

2022 年河北省弃光电量为 8.84 亿 kW·h，较 2021 年增加 3.78 亿 kW·h，弃光率 2%，较 2021 年增长 0.2 个百分点。其中，河北南网弃光电量为 4.57 亿 kW·h，较 2021 年增加 3 亿 kW·h，弃光率 1.71%，较 2021 年增长 0.71 个百分点。冀北电网弃光电量为 4.45 亿 kW·h，较 2021 年增加 1.04 亿 kW·h，弃光率 2.53%，较 2021 年降低 0.3 个百分点。

为改善弃光弃电，已采取的主要措施如下：

一是项目布局持续优化。河北省按照太阳能发电市场环境监测评价结果，合理控制张承地区、保定西部、石家庄北部等限电严重地区光伏产业发展节奏。

二是坚持集中式和分布式光伏发电发展并举。积极支持各地区分布式光伏发电开发，促进电力的就地消纳。

三是持续提升新能源参与电力市场化交易比重、提出分时电价机制、提高跨省输电通道送电能力、进一步加强电力系统灵活性等。

四是推进储能建设。传统电力系统作为实时平衡系统，灵活调节能力不足，大规模新型储能应用可以改善此缺陷。

2018—2022 年河北省光伏弃电率趋势见图 3.5-3。

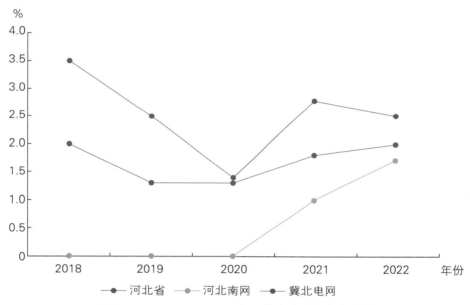

图 3.5-3　2018—2022 年河北省光伏弃电率趋势

3.6　技术进步

生产设备技术提升，产业链完整

河北省作为光伏大省，拥有晶棒、铸锭、硅片、电池片、组件、发电应用系统及装备制造，产业链条较为完整，晶硅电池及组件制造环节优势明显，产业规模位居全国前列。

目前 P 型晶硅电池占据晶硅电池市场的绝对份额。P 型电池的 PERC 技术在单晶电池方面体现了更好的溢价优势和发展空间。单晶硅可将转化效率从 19%～19.2% 提升至 20%～20.2%，而相比之下，多晶硅却只能将转化率从 17.5%～18% 提升至 18%～18.5%。

然而，N 型单晶硅较常规的 P 型单晶硅具有寿命高、衰减小等优点，最高功率输出性能提高 10%～15%。因此，N 型单晶系统具有发电量高和可靠性高的双重优势。

目前，天合、乐叶等组件企业一直在主攻 P 型电池技术制造组件，英利、晶澳等组件企业在主攻 N 型电池工艺技术。

智能运维方式应用，电站发电能力提高

2022 年，河北省太阳能电站的运维水平得到明显提升。无人机巡检平台、远程运维等智能化运维方式得到实际应用，有效降低了人工巡检过程中的误差率，减少了企业的维修成本、人工成本，收到了良好的经济社会效益；投资主体对先进设备、优化布置型式、精细化设计等方面越发重视，太阳能电站发电能力明显提升。

3.7　发展特点

太阳能发电占比提高，资源利用水平提升

2022 年河北省太阳能全年发电量 442.8 亿 kW·h，占各类电源全部发电量的 13.3%，较 2021 年提高了 4.2 个百分点。其中，河北南网光伏年发电量达到 267.06 亿 kW·h，同比增长 65.6%，冀北电网光伏年发电量达到 175.78 亿 kW·h，同比增长 44.3%。

集中式太阳能发电呈现规模化、基地化发展

河北省光伏项目规模化、基地化发展将成为主流，2022 年 6 月 24 日，河北省发展改革委公示国家第二批大基地项目中，河北省基地项目共 5 个，总规模为 585 万 kW，包含 60 万 kW 风电项目和 525 万 kW 光伏项目。

未来几年河北省尤其是张承地区大型风光基地并网规模将逐步加大，需通过调整电源结构、优化提升外送通道、发展抽水蓄能和新型储能项目，建设一批"源网荷储"一体化、"风光火储"一体化示范工程。实现高比例本地消纳和外送相结合的新能源基地模式，进一步提高新能源利用率。按照国家"十四五"电力规划，河北省将建设张北—胜利、大同—怀来—天津北 1000kV 特高压工程，提升电力保障能力和新能源外送能力。

太阳能发电实行分时电价机制，以提升新能源消纳能力

根据《国家发展改革委关于进一步完善分时电价机制的通知》（发改价格〔2021〕1093号），为适应新能源大规模发展、电力市场加快建设、电力系统峰谷特性变化等新形势新要求，持续深化电价市场化改革、充分发挥市场决定价格作用，形成有效的市场化分时电价信号。在保持销售电价总水平基本稳定的基础上，进一步完善目录分时电价机制，更好引导用户削峰填谷、改善电力供需状况、促进新能源消纳，为构建以新能源为主体的新型电力系统、保障电力系统安全稳定经济运行提供支撑。

2022年10月28日，河北省发展改革委印发了《关于进一步完善河北南网工商业及其他用户分时电价政策的通知》，在时段划分上，本次调整充分考虑了河北南网新能源的大规模发展导致的峰谷时段变化。在价格方面，峰谷电价浮动范围从原来的50%提升至70%，在提高峰段用电价格的同时，也提高了新能源大发期间的谷段价格，通过电价机制将进一步引导电力资源的优化配置，提升电网保供和新能源消纳能力。

分布式光伏迅速发展

国家能源局发布《2022年光伏发电建设运行情况》，公布了各省集中式光伏和分布式光伏的规模。2022年，中国分布式光伏装机15762万kW，占光伏装机（39204万kW）的40.2%，占全国发电装机（256405万kW）的6.1%。其中，河北省分布式光伏装机1861.2万kW，占光伏装机（3855.3万kW）的48.3%。

分布式光伏装机集中于华北华东六省。2022年，分布式光伏装机超过1000万kW的省份有6个，装机总计达到11157万kW，占全国分布式光伏的71%。其中，河北省排名第二，装机总量达1861.2万kW。

分布式光伏装机占总发电装机比重超过10%的省份有5个，其中，河北省位列第三，分布式光伏装机占比为14.9%。

4 风电

4.1 资源概况

风能资源概况

河北省属于我国风能资源丰富省份之一，省内风能资源丰富区域主要分布在张家口、承德坝上地区和沿海秦皇岛、唐山、沧州地区。其中，张家口坝上地区100m高年平均风速可达5.4~8.0m/s，主要分布在康保、沽源、尚义、张北的低山丘陵区和高原台地区；承德坝上地区100m高度年平均风速可达5.0~7.9m/s，主要集中在围场北部和西部、丰宁北部和西北部、平泉西部；沿海地区风能资源主要分布在秦皇岛、唐山、沧州附近海域，100m高度年平均风速在6.5~7.5m/s。张承坝上地区和唐山、沧州沿海地区为百万千瓦级风电基地。风能资源技术可开发量达到8000万kW以上，其中陆上技术可开发量超过7000万kW，近海技术可开发量超过1000万kW。

随着风电技术的发展，越来越多的低风速地区风能资源逐步得以开发利用，其中，保定西部和北部山区，石家庄、邢台、邯郸的西部山区和东部平原地区，衡水、廊坊等地区的风能资源均具有一定的开发价值，100m高年平均风速在4.5~6.5m/s。唐山海域海上100m高度层年平均风速在7.0m/s以上，受台风影响小，年等效利用小时数在3000h左右，技术可发量超过800万kW。

根据《中国风能太阳能资源年景公报》（2022），我国东北大部、华北北部、华东北部、宁夏中南部、陕西北部、甘肃西部、内蒙古、新疆北部和东部的部分地区、青藏高原、云贵高原和广西等地的山区、中东部地区沿海等地100m风电机组常用安装高度的风能资源较好，适宜开展风电项目开发。与近10年相比，2022年全国风能资源为正常略偏小年景，10m高度年平均风速偏小0.82%；其中河北省较近10年平均值明显偏小，2022年10m高度年平均风速偏小超过5%。

河北省各地市陆上风电资源分布

经统计，2020—2030年，河北省各市风电技术可开发容量约6300万kW，其中，张家口市占总可开发容量的27.14%，承德市占总可开发容量的25.23%，两市总和占比超过总可开发容量的半数，是河北省最适合开发风电资源的2个区域；定州市、辛集市风电资源较差，是河北省风电资源量最低的2个区域。河北省各市风电技术可开发量见图4.1-1。

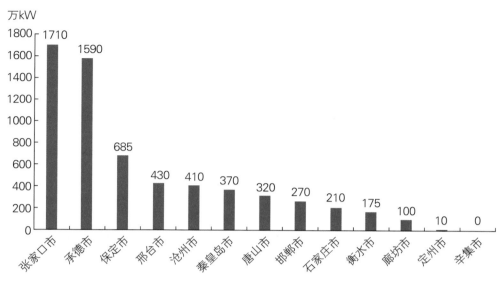

图 4.1-1 河北省各市风电技术可开发量

海上风电资源概况及开发条件

海上风电按开发范围可分为省管海域和国管海域,省管海域为省海洋功能区划范围内海域,一般离岸约 12n mile(1n mile=1.852km,相当于 22.2km);国管海域为省海洋功能区划范围外国家主张管辖的海域。河北省管海域位于渤海西部,海岸线总长度 484.85km,其中唐山市229.72km,秦皇岛市 162.67km,沧州市 92.46km。

河北省海上风电开发建设条件优势明显,海岸线向海 10km 以外 100m 高度平均风速在 7.4m/s以上,受台风影响小,年等效利用小时数约 3100h;接入和消纳能力强,施工条件相对优越,河北海岸线向海 100km 范围内,水深多介于 10~30m。

4.2 发展现状

装机规模平稳增长

截至 2022 年底,河北省陆上风电装机规模达到 2766.7 万 kW,海上风电装机规模达到30 万 kW,风电累计并网装机容量 2796.7 万 kW(排全国第二位),同比增长 9.8%,其中,河北南网风电累计并网装机容量 407.52 万 kW,同比增长 4.2%;冀北电网风电累计并网装机容量2389.22 万 kW,同比增长 10.8%。2017—2022 年河北省风电装机规模整体呈平稳增长态势,尤其是在政策补贴鼓励下,2020 年风电装机实现跨越式增长。随着国家补贴退坡,2022 年河北省风电装机规模呈现小幅增长,与往年相比增长率略有下降。2017—2022 年河北省风电装机容量及变化趋势见图 4.2-1。

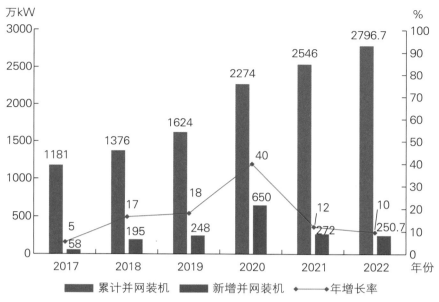

图 4.2-1　2017—2022 年河北省风电装机容量及变化趋势

　　分市看，河北省风电装机主要集中在张家口、承德、沧州 3 个市，2022 年，张家口、承德、沧州三市的风电装机分别为 1707.7 万 kW、566.4 万 kW、142.6 万 kW。其中，张家口新增并网装机 137 万 kW，为新增并网装机容量最多的市，占河北省新增并网装机容量的近八成。2022 年河北省各市风电装机容量见图 4.2-2。

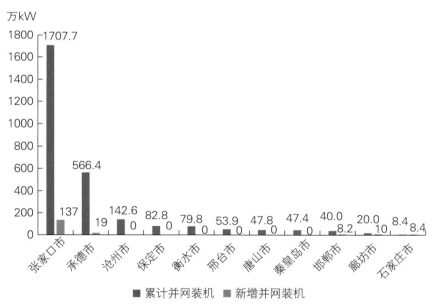

图 4.2-2　2022 年河北省各市风电装机容量

风电开发企业以国企和央企为主，经统计，截至 2022 年 9 月，河北省风电累计并网装机容量排名前四的企业分别是国家能源投资集团有限责任公司、河北建设投资集团股份有限公司、中国华能集团有限公司、中国华电集团有限公司，其累计并网装机容量分别为 503.7 万 kW、450.5 万 kW、156.4 万 kW、154.3 万 kW。风电累计并网装机排名前十的企业累计并网装机容量均超过 60 万 kW，其中五大发电集团累计并网装机容量共计 1000 万 kW，超过河北省累计并网装机容量的 36%。截至 2022 年 9 月河北省风电累计装机容量排名前十企业见图 4.2-3。

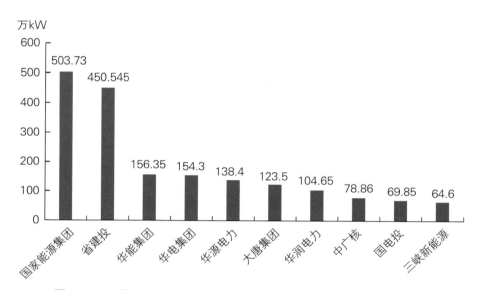

图 4.2-3　截至 2022 年 9 月河北省风电累计装机容量排名前十企业

发电量持续增长

"十三五"以来，风电年发电量占河北省电源总发电量比重相对平稳，年发电量持续增长。2022 年河北省风电年发电量达到 587.3 亿 kW·h，同比增长 14.7%，占本地全部电源年发电量的 17.6%，风电发电占比明显提高。其中河北南网风电年发电量达到 78.9 亿 kW·h，同比下降 18.24%，冀北电网风电年发电量达到 508.38 亿 kW·h，同比增长 22.5%。2017—2022 年河北省风电年发电量及占比变化趋势见图 4.2-4，2022 年河北省各市风电年发电量统计见图 4.2-5。

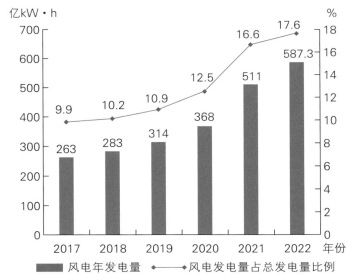

图 4.2-4　2017—2022 年河北省风电年发电量及占比变化趋势

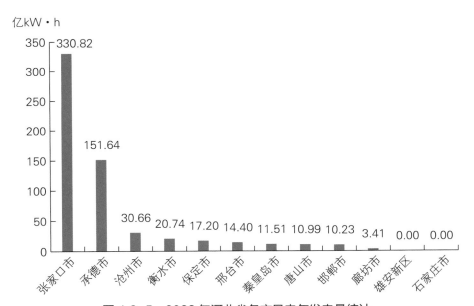

图 4.2-5　2022 年河北省各市风电年发电量统计

风电基地项目有序建设

2022 年，张家口风电基地三期、承德风电基地二期项目顺利建成；张家口可再生能源示范区和承德可持续发展议程创新示范区项目有序推进；已列入国家第一批大型风电光伏基地的张家口蔚县电厂 100 万 kW 外送项目、张家口张北县 100 万 kW 项目和承德市丰宁风光氢储 100 万 kW 示范项目逐步推动；2022 年省级大型风电光伏基地项目前期工作有序实施。

海上风电发展稳步推进

截至目前，河北省已获得国家批复海上风电项目 2 个，装机规模共 60 万 kW，均在唐山市。其中，已投产项目 1 个、30 万 kW，为河北建投唐山乐亭菩提岛海上风电场工程，于 2011 年 5 月取得国家能源局立项，2013 年 12 月核准，2020 年 9 月全部并网发电；在建项目 1 个、30 万 kW，为国电唐山乐亭月坨岛风电场工程，于 2014 年列入《全国海上风电开发建设方案（2014—2016）》，同年 12 月核准，已完成投资 3 亿元，目前正在抓紧推进项目建设。

风电全产业链布局加快

河北省大力发展高端风力发电设备，拥有风力发电机、叶片、主轴、铸件、轴承、塔筒、电缆等发电应用系统零部件及装备制造，产业链条较为完整。当前河北省拥有华源风电、双利风电、安塔风电、亿隆风电、大金风电等多家风力发电产业制造商和运营商，其中大金风电设备有限公司年生产塔筒 20 万 t，填补了尚义县新能源产业装备制造领域的空白。同时河北省积极推动海上风电全产业链布局，引导海上风电开发向优势企业集中，加快风电装备制造产业高端化集群化发展，并示范带动风机产业的发展。通过打造内陆特色支柱型风电产业装备集群，推动大型技术创新示范基地、分布式可再生能源电力开发、多种模式互补的新能源示范工程建设，持续培育新的经济增长点、推动新一轮产业升级和经济转型。

4.3 前期工作

持续推动保障性、市场化并网项目建设

2022 年 11 月 4 日，河北省发展改革委发布《关于做好 2022 年风电、光伏发电项目申报工作的通知》，提出开展 2022 年风电、光伏项目发电竞争性配置，全省共安排风光保障性并网规模 1000 万 kW，要求参与竞争性配置的南网、北网保障性项目配置储能规模分别不低于项目容量 10%、15%，连续储能时长不低于 2h，风电项目应于 2024 年 12 月 31 日前全容量建成并网，光伏发电项目应于 2024 年 6 月 30 日前全容量建成并网；全省安排风光市场化并网规模 1000 万 kW，市场化并网项目应自主调峰，不增加电网调峰压力；全省安排储备类并网项目规模 1500 万 kW。

有序推动风电百万千瓦基地规划建设

2022 年 6 月 24 日，河北省发展改革委公示《河北省 2022 年大型风电光伏基地项目》，拟安排第二批大型风电光伏基地项目 5 个，共计 585 万 kW，其中风电 60 万 kW，风电基地主要分布在张家口市蔚县、张北县。

加快推进全省海上风电规划工作

为加快推进河北省海上风电开发建设，省发改委积极组织河北院、中南院编制完成全省海上风电规划，2022 年 7 月 30 日规划报送国家能源局。其间，省发改委多次赴国家能源局、水电总院汇报沟通并取得积极支持，同时积极与河北海事局等部门沟通，并按照评审会专家意见对规划进行了修改完善和场址范围优化，最终形成规划（报批稿）于 12 月 19 日呈报国家能源局，规划省管海域开发规模 230 万 kW，国管海域 1550 万 kW。

此后，国家能源局就河北省规划征求了自然资源部意见，并获得自然资源部反馈意见。2023 年 3 月 3 日，河北省发展改革委组织省自然资源厅、秦皇岛市、唐山市、河北院召开专项座谈会，针对自然资源部对河北省规划提出的意见进行讨论研究。下一步，将会同省自然资源厅、秦皇岛市、唐山市、河北院等单位，进一步修改完善全省规划，并积极跑办国家能源局、自然资源部、水电总院，最大限度争取河北省海上风电规划选址范围和开发规模。

逐步开展分散式风电建设

河北省地域辽阔，风能资源丰富，适合布局和发展模式灵活的分散式项目。但是由于我国分散式风电技术标准体系和管理规范不完善，分散式风电存在建设成本较高、土地和并网因素受限、运维不便等不足，《分散式风电暂行管理办法》在简化审批流程、保障高效并网方面效果不甚理想，河北省分散式风电规划和研究仍然处于滞后阶段。截至 2022 年底，河北省未建设分散式风电，整体发展相对缓慢。预计"十四五"期间，河北省将陆续允许各地市申报分散式风电示范项目，创新风电投资建设模式和土地利用机制，实施"千乡万村驭风行动"，逐步推进乡村分散式风电开发。

4.4 投资建设

风力发电成本优势初显

随着我国技术装备水平大幅提升，全产业链集成制造有力推动风电成本持续下降，近 10 年来陆上风电项目单位千瓦平均造价持续下降。河北省风电项目通过大型风电基地建设逐步发挥规模效应，风力发电建设成本进一步下降，以2022年承德围场某风电场项目为例，主机价格下降至2800元/kW，项目单位千瓦造价下降至6100元/kW。

设备及安装工程主导风电工程投资

风电项目成本构成包括风电机组设备、塔筒、箱变、升压站设备及安装、集电线路设备及安装等设备及安装费用，风机吊装、锚栓＋基础、道路加平台等施工辅助工程费，其他机电及土建、建设用地费、其他费用等。根据河北省典型平坦地形和山地风电项目测算，分析其详细成本构成占比可以看出，设备及安装工程费用在总体工程投资中的占比超过75%，是项目整体工程投资指标的主导因素。结合全国各地风电项目建设成本情况，未来河北省海上风电项目单位千瓦投资仍存在一定下降潜力。河北省典型风电项目单位千瓦建设投资构成见图4.4-1。

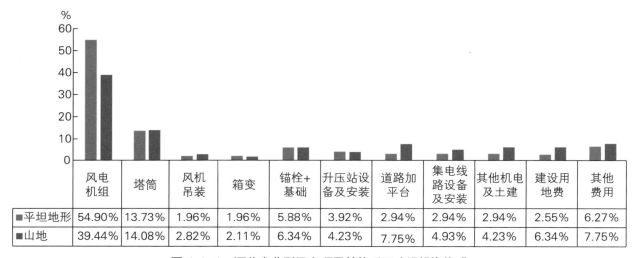

	风电机组	塔筒	风机吊装	箱变	锚栓+基础	升压站设备及安装	道路加平台	集电线路设备及安装	其他机电及土建	建设用地费	其他费用
■平坦地形	54.90%	13.73%	1.96%	1.96%	5.88%	3.92%	2.94%	2.94%	2.94%	2.55%	6.27%
■山地	39.44%	14.08%	2.82%	2.11%	6.34%	4.23%	7.75%	4.93%	4.23%	6.34%	7.75%

图 4.4-1 河北省典型风电项目单位千瓦建设投资构成

海上风电产业链降本增效

补贴退坡引导海上风电产业链降本增效，随着风电产业技术进步、风机效率的提升、升压站电气设备国产化及规模化进程加快，海上风电产业单位千瓦投资迅速降低。按照当前造价水平，2022年河北省典型海上风电场单位千瓦造价约12000元，其中设备及安装工程占比57.12%，建筑工程占比27.24%，具体分布见图4.4-2。

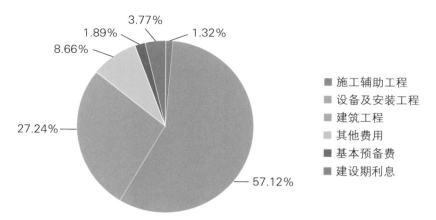

图 4.4-2　河北省海上风电项目单位千瓦建设投资占比

4.5　运行消纳

利用小时数同比上升

2022 年，河北省风电年平均利用小时数 2238h，同比增长 30h，同比增长率为 1.4%。其中，河北南网风电年平均利用小时数为 2364.4h，同比降低 126.6h，同比下降率为 5%；冀北电网风电年平均利用小时数为 2211h，同比增加 60h，同比增长率为 2.8%。全省整体来看，风电利用小时数略有所上升。2017—2022 年河北省风电年利用小时数变化趋势见图 4.5-1。

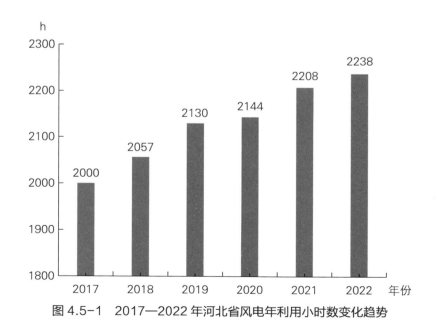

图 4.5-1　2017—2022 年河北省风电年利用小时数变化趋势

截至 2022 年底，河北省拥有百万千瓦以上风电开发规模的地区为张家口市、承德市、沧州市，2022 年风电利用小时数分别为 1937h、2577h、2150h。分地区来看，河北南网地区风电利用小时数整体高于冀北电网。2022 年河北省各市风电年利用小时数情况见图 4.5-2。

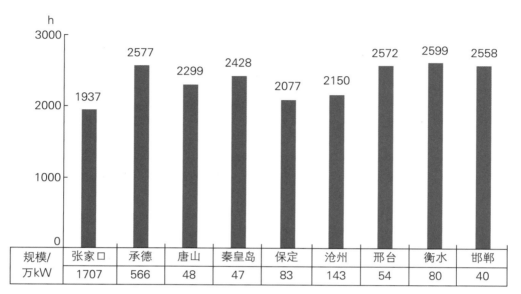

图 4.5-2　2022 年河北省各市风电年利用小时数情况

河北省张家口市属于二类风能资源区，风能资源优质，是我国风电装机量最高的地级市。2016 年至 2020 年，年平均利用小时数均处于 2000h 以上，但随着装机容量快速提高，外送通道不足、区内调节电源缺乏的影响凸显，弃风限电现象逐步加重。近两年，张家口市风电利用小时数出现轻微下降，区外送出通道建设亟须加强。2016—2022 年河北省张家口风电利用小时数变化见图 4.5-3。

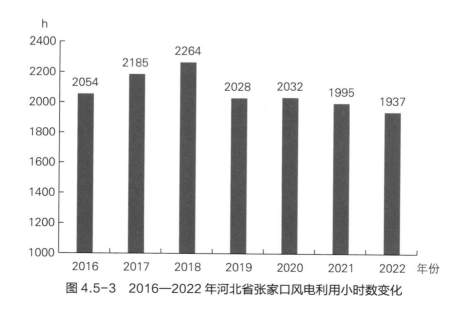

图 4.5-3　2016—2022 年河北省张家口风电利用小时数变化

电力消纳形势不容乐观

随着电网新能源大规模接入，受地区调节性电源和可调节性负荷资源不足等因素制约，新能源消纳问题日益突出。2022 年河北省风电弃电率 4.4%，其中，河北南网弃风电量为 1.16 亿 kW·h，较 2021 年降低 0.2 亿 kW·h，弃风率 1.25%，较 2021 年降低 0.15 个百分点；2022 年冀北电网弃风电量为 24.65 亿 kW·h，较 2021 年增加 1.9 亿 kW·h，弃风率 4.85%，较 2021 年降低 0.35 个百分点。

2022 年，河北南网新能源发电均在本地消纳，冀北电网张家口、承德新能源发电在京津冀北电网消纳，唐秦地区新能源发电均在本地消纳。随着河北省风光资源持续开发，电力消纳形势日趋严峻，2022 年冀北电网弃风率接近 5%，主要是因为冀北电网尤其是张承地区新能源发展较为迅速，但是调节性电源建设滞后，导致新能源消纳存在困难。

4.6 技术进步

风电机组单机容量持续增大

近年，河北省风电产业技术创新能力和速度持续提升，新产品研发和迭代速度不断加快，风力发电机组技术朝着提高单机容量、减轻单位千瓦重量、提高转换效率的方向发展。省内陆上风电机组单机容量不断突破，整机制造企业单机容量 6MW~8MW 级风电机组相继下线，金风科技陆上 6.7MW 系列机型在张家口崇礼风电制氢项目二期工程成功应用。大容量机组能够有效降低风电场建设和运维成本，提升风能利用效率的同时提高风电项目收益能力，实现降本增效。

海上风电技术快速发展

海上风电正在逐步从近海向深远海发展，漂浮式海上风电技术已加快研发步伐，省内明阳智能、金风科技等行业领军企业均有相关技术储备。其中，明阳智能 5.5MW~16MW 海上风力发电设备和漂浮式风力发电设备的防腐技术设计及工艺应用已具备商用条件。海上风电技术快速发展为河北省海上风电大规模开发利用奠定了基础。

构网型风电机组技术不断进步

海上风电场采用构网型风机技术，风电场就能够独立组网，并可以带二极管整流器（DRU）运行，可以大大提高海上风电送出系统的可靠性和经济性，并且可以实现长年免维护。电科院把握机遇，基于前期在新能源虚拟同步发电机技术方向的积累，依托牵头国网科技项目《电压源型风电机组关键技术及示范》，联合设备厂家开展测试试验和技术攻关。电科院完成冀北首台构网型风电机组实验室测试，标志着冀北公司在新能源主动支撑技术领域迈出新的一步。

4.7 发展特点

风电将呈现规模化、基地化发展

随着风电无补贴时代的到来，河北省风电项目规模化、基地化发展将成为主流，2022 年河北省纳入国家第二批大基地项目 5 个，共计 585 万 kW，其中风电 60 万 kW，未来几年河北省尤其是张承地区大型风电基地并网规模将逐步加大，需通过调整电源结构、优化提升外送通道、发展抽水蓄能和新型储能项目、提高电力消纳水平等方式，进一步提高新能源利用率。按照国家"十四五"电力规划，河北省将建设张北—胜利、大同—怀来—承德—天津北 1000kV 特高压工程，提升电力保障能力和新能源外送能力。

风电制氢支撑氢能产业发展

风电制氢技术是提高风能的利用率和缓解弃风问题的有效手段。风电制氢为电力系统提供季节性储能，作为对储能电池等短期储能的补充。根据 IRENA 的分析，未来三十年全球氢及其衍生物将满足终端能源消费的 12%，其中 2/3 是绿氢。河北省风电制氢具有资源优势，推动风电制氢基地工程建设，拓宽风电消纳渠道，形成覆盖制氢、氢能装备、加氢站、燃料电池、整车及应用的完整产业链。按照《河北省氢能产业链集群化发展三年行动计划（2020—2022 年）》要求，以培育壮大氢能产业为目标，加快构建"政策生态、产业生态、服务生态"三大氢能生态体系，率先将河北省打造成为全国氢能产业创新发展高地，推动氢能产业链集群化发展。

海上风电及相关配套产业快速发展

海上风电具备发展潜力大、靠近用电负荷中心的优势，随着单机容量不断增大、产业体系建立健全、技术日渐成熟、发电成本大幅降低，海上风电已具备规模化发展的基础，发展前景广阔。河北省已编制完成《河北省海上风电发展规划（2022—2035）》、国管海域规划场址的通航安全评估专题以及用海分析专题，下一步将大力开发海上风电建设，"十四五"期间将迎来重大发展机遇期。海上风电技术的进步将促进相关装备制造及服务业、海上风电运维、配套组装基地等全产业链建设。

因地制宜推动分散式风电开发

2022 年 6 月 1 日国家能源局印发《"十四五"可再生能源发展规划》，明确提出在工业园区、经济开发区、油气矿区及周边地区，合理利用荒山丘陵、沿海滩涂等土地资源，积极推进风电分散式开发。分散式风电装机灵活、易于消纳，随着"千乡万村驭风行动"的推进，分散式风电会逐步走进乡村及偏远地区，成为河北省能源结构绿色转型的重要推手之一，河北省将持续研究先进技术与政策机制，结合乡村振兴等战略，因地制宜推动分散式风电开发。

5　抽水蓄能

5.1　发展基础

抽水蓄能是技术最成熟、经济性最优、最具大规模开发条件的储能方式，是电力系统绿色低碳清洁灵活调节电源，具有调峰、调频、调相、储能、系统备用和黑启动等功能，是构建新型电力系统的迫切需求，是保障电力系统安全稳定运行的重要支撑，是可再生能源大规模发展的重要保障。

河北省地势西北高、东南低，由西北向东南倾斜、高度差别大，长度在18km以上1000km以下的河流多达300余条，水势由山区流入平原，具有河床比降变化大、坡陡流急的特点，开发抽水蓄能的资源条件较好。目前，全省共普查出抽水蓄能站点168个，总装机容量1.5亿kW以上。

5.2　专项行动

河北加快抽水蓄能项目开发建设，成立了省、市、县三级工作专班，推动抽水蓄能高质量发展。省抽水蓄能开发建设工作专班印发了《河北省抽水蓄能开发建设推进方案》，按照"四个一批"总体部署，即加快建成投产一批、加快核准开工一批、加快调整实施一批、加快谋划增列一批，全力推进全省抽水蓄能开发建设。省发展改革委会同省自然资源厅、省水利厅、省林业和草原局，联合印发了《关于进一步加快抽水蓄能项目前期工作办理速度有关事项的通知》，并联审批、平行推进各项前期工作。

截至2022年底，全省建成项目2个、装机规模127万kW，分别为唐山潘家口27万kW和石家庄张河湾100万kW抽水蓄能项目。在建项目7个、装机规模1120万kW，分别为承德丰宁360万kW、张家口尚义140万kW、保定易县120万kW、秦皇岛抚宁120万kW、承德滦平120万kW、石家庄灵寿140万kW、邢台120万kW抽水蓄能项目。国家规划重点实施项目5个、装机规模560万kW，除徐水60万kW抽水蓄能受雄安调蓄库方案变更延期建设外，其余4个已全部完成核准，计划2023年第一季度开工建设，分别为唐山迁西100万kW、保定阜平120万kW、承德隆化存瑞一期140万kW、承德隆化存瑞二期140万kW抽水蓄能项目。国家规划储备项目8个，项目涉及的生态保护红线已全部调出，并提前开展前期工作。同时积极推动新增站点纳规，组织中电建北京勘测设计研究院、河北省电力勘测设计研究院开展全省抽水蓄能需求规模、站点布局、建设时序研究论证工作，形成《河北省抽水蓄能滚动规划报告（2022—2035 年）》。

5.3 投资建设

抽水蓄能项目投资将迎来小高峰。全省在建抽水蓄能项目共七个，包括承德丰宁 360 万 kW、张家口尚义 140 万 kW、保定易县 120 万 kW、秦皇岛抚宁 120 万 kW、承德滦平 120 万 kW、石家庄灵寿 140 万 kW、邢台 120 万 kW 抽水蓄能项目。

丰宁抽水蓄能电站基础工程基本完成，1 号、2 号、3 号、4 号、8 号、9 号、10 号共 7 台机组都已投入商业运行，剩余 5 号机组、7 号机组开展整组启动调试，6 号机组完成主变消防喷淋试验，11 号机组开展转子叠片，12 号机组开展励磁系统封闭母线安装。

尚义抽水蓄能电站正在进行通风安全洞、进厂交通、尾水隧洞、泄洪排沙洞、厂内道路等工程建设。计划 2025 年底前首台机 35 万 kW 并网投运，2026 年底前全容量并网投产。

保定易县抽水蓄能电站，正在进行上库填筑、厂房和主变室对穿开挖支护、下水库大坝填筑、下水库进出水口开挖等工程。计划 2025 年底前首台机组 30 万 kW 并网投运，2026 年底前全容量并网投产。

秦皇岛抚宁抽水蓄能电站工程，下水库泄洪设施、地下厂房基本完成，正在进行上下水库、输水系统、道路等工程建设。力争 2027 年全容量并网投产。

承德滦平抽水蓄能电站、石家庄灵寿抽水蓄能电站、邢台抽水蓄能电站将于 2022 年 12 月开工，力争 2027 年全容量并网投产。

河北省在建抽水蓄能项目见表 5.3-1。

表 5.3-1 河北省在建抽水蓄能项目

序号	项目名称	项目所在地	装机容量 / 万 kW	总投资 / 亿元	核准时间	开工时间
1	丰宁抽水蓄能电站	承德市丰宁县四岔口乡	360	192.37	一期、二期分别于 2012 年 8 月和 2015 年 7 月完成核准	2013 年 5 月
2	尚义抽水蓄能电站	张家口市尚义县小蒜沟镇	140	95.65	2019 年 6 月	2019 年 9 月
3	易县抽水蓄能电站	保定市易县梁格庄镇	120	80.22	2017 年 12 月	2019 年 11 月

序号	项目名称	项目所在地	装机容量／万 kW	总投资／亿元	核准时间	开工时间
4	抚宁抽水蓄能电站	秦皇岛市抚宁区大新寨镇	120	80.59	2018 年 12 月	2020 年 11 月
5	承德滦平抽水蓄能电站	承德市滦平县小营镇哈叭沁村	120	82.4	2022 年 10 月	2022 年 12 月
6	石家庄灵寿抽水蓄能电站	石家庄市灵寿县寨头乡、陈庄镇境内	140	100	2022 年 10 月	2022 年 12 月
7	邢台抽水蓄能电站	邢台市信都区	120	84.7	2022 年 10 月	2022 年 12 月

5.4　运行情况

截至 2022 年底，全省抽水蓄能并网装机规模 337 万 kW，其中，唐山潘家口 27 万 kW 和石家庄张河湾 100 万 kW 抽水蓄能电站已全容量建成投产，丰宁电站累计投运 7 台机组、210 万 kW。

潘家口抽水蓄能电站：位于河北省迁西县潵河桥镇上游 10km 处滦河干流上，装机规模 27 万 kW，工程总投资 7.65 亿元，项目单位为国网新源控股有限公司潘家口蓄能电厂，1992 年并网投运，2022 年发电量 2.7 亿 kW·h，综合效率 76.67%。

张河湾抽水蓄能电站：位于太行山深处井陉县境内，装机规模 100 万 kW，总投资 41.19 亿元，项目单位为河北张河湾蓄能发电有限责任公司，2009 年并网投运，2022 年发电量 11.6 亿 kW·h，综合效率 79.95%。

丰宁抽水蓄能电站：位于河北省承德市丰宁满族自治县境内，装机规模 360 万 kW，已经投产 7 台机组。这 7 台机组以每天"两抽两发"方式长时间连续运行，电能转化效率已提升至 80%，累计发电约 10.6 亿 kW·h，全力服务华北电网，服务冀北电网新能源消纳。

5.5　技术进步

2022 年，我国抽水蓄能装机容量已达到 4579 万 kW，世界排名首位。抽水蓄能电站技术方面，我国坚持机组设备自主化原则，设计施工、设备制造等自主创新研发能力不断提升，在建和规划项目均采用先进技术。

　　服务北京绿色冬奥丰宁抽水蓄能电站投产发电。丰宁电站实现了世界最大抽水蓄能电站自主设计和建设，书写了我国抽水蓄能发展史上的多个纪录，打造了抽水蓄能建设的新丰碑。装机容量世界第一，总装机 360 万 kW，为世界抽水蓄能电站之最；储能能力世界第一，12 台机组连续满发小时数达到 10.8h，是华北地区唯一具有周期调节性能的抽水蓄能电站；地下厂房规模世界第一，地下厂房单体总长度 414m、高度 54.5m、跨度 25m，是最大的抽水蓄能地下厂房；地下洞室群规模世界第一，丰宁抽水蓄能电站地下洞室多达 190 条，总长度 50.14km，地下工程规模庞大。

6 生物质能

6.1 资源概况

生物质能属于重要的可再生能源,具有绿色、低碳、清洁、可再生、资源来源丰富等特点。大力发展生物质能对替代部分化石能源消费、促进节能减排、提高能源供应保障能力具有重要意义。河北省是农业大省,生物质资源丰富,生物质能开发潜力大。全省农作物秸秆可利用资源量约4059万 t,资源主要分布在南部棉粮主产区。林业废弃物可利用资源量约959万 t,资源主要分布在北部和西部山区。河北省人口约7400万人,年产生活垃圾约2200万 t。

6.2 发展现状

河北省生物质能利用形式主要包括生物质发电、沼气、生物质成型燃料、生物质制气和生物液体燃料,"十三五"以来,河北省生物质能多元化利用取得了较大进展。

生物质发电规模小幅度增长

截至 2022 年底,生物质发电装机规模 219.1 万 kW,同比增长 4.4%,其中,农林生物质发电装机规模 71.2 万 kW,同比增长 0.4%;垃圾发电装机规模 145.9 万 kW,同比增长 6.3%;沼气发电装机规模 1.9 万 kW,同比增长 18.8%。河北省生物质发电开发情况见表 6.2-1。

表 6.2-1 河北省生物质发电开发情况

城市	分类	已并网个数	已并网容量 / 万 kW	在建个数	在建容量 / 万 kW
石家庄	农林	5	11		
	垃圾	12	29.9		
	沼气	0	0		
小计		17	40.9		

续表

城市	分类	已并网个数	已并网容量 / 万 kW	在建个数	在建容量 / 万 kW
保定	农林	0	0		
	垃圾	10	20		
	沼气	2	0.4		
小计		12	20.4		
沧州	农林	2	4		
	垃圾	9	17.7		
	沼气	1	0.1		
小计		12	21.8		
邯郸	农林	4	10.3	2	14.3
	垃圾	9	15.45		
	沼气	2	0.4	1	0.3
小计		15	26.15	3	14.6
邢台	农林	7	16.2		
	垃圾	5	10.4	1	3
	沼气	3	0.97	1	0.32
小计		15	27.57	2	3.32
廊坊	农林	1	6	1	3
	垃圾	6	18.3	1	1.2
	沼气	0	0		
小计		7	24.3	2	4.2
唐山	农林	3	9.5	1	3
	垃圾	8	9.5		
	沼气	1	0.3		
小计		12	19.3	1	3

续表

城市	分类	已并网个数	已并网容量 / 万 kW	在建个数	在建容量 / 万 kW
秦皇岛	农林	2	4.7		
	垃圾	5	8.4		
	沼气	0	0		
小计		7	13.1		
张家口	农林	2	6.5	1	3
	垃圾	6	6.9		
	沼气	0	0	1	2.1
小计		8	13.4	2	5.1
承德	农林	2	3.3		
	垃圾	4	4.95		
	沼气	0	0		
小计		6	8.25		
衡水	农林	3	6.3		
	垃圾	6	9.2		
	沼气	3	0.5		
小计		12	16		
雄安新区	农林	0	0		
	垃圾	1	70		
	沼气	0	0		
小计		1	70		

垃圾发电量拉动生物质总发电量增长明显

2022 年，生物质年总发电量 86.6 亿 kW·h，同比增长 28.4%，其中，农林生物质发电量 20.6 亿 kW·h，同比减少 9.4%；垃圾焚烧发电量 65.2 亿 kW·h，同比增长 48.6%；沼气发电量 0.7 亿 kW·h，同比减少 5.5%。

生物质非电利用稳步发展

截至 2022 年底，全省规模化沼气工程总池容 66.77 万 m³，年产沼气 1.33 亿 m³，生物天然气工程总池容 23.05 万 m³，年产生物天然气 0.47 亿 m³。2022 年底，全省生物质成型燃料加工基地 100 余处，年产量 64.15 万 t。核准在建的生物质纤维素生物燃料乙醇项目 1 个。

6.3　外部条件

电力消纳及接入

河北省生物质发电量占全社会用电量比重较小，且发电项目规模小而分散，生物质发电基本可在本区域就近消纳。河北省电网建设较完善，新建生物质项目一般可通过 35kV 及以下电压等级接入配电网。随着未来河北省配电网的进一步发展和完善，拟建生物质发电项目的接入条件将普遍趋好。

交通运输

河北省路网交通发达，国、省道及农村公路网覆盖全面，为生物质原料及剩余废弃物运输提供了有效保证。

原料收储

生物质项目的核心是原料的收集及储存，目前已建成生物质项目基本形成了有效的"收储"体系，为生物质项目的稳定运行提供了有效支撑。

水资源

坚持节约用水原则，落实污水处理企业中水回用运行机制，逐步将污水处理企业推向市场。河北省目前各县均建有污水处理厂，可以为生物质项目用水提供有力保障。

6.4　运行情况

生物质发电年平均利用小时数有所下降

2022 年河北省生物质发电年平均利用小时数为 4049h，较 2021 年减少 104h，其中，农林生物质发电年平均利用小时数 2911h，垃圾焚烧发电年平均利用小时数 4686h，沼气发电年平均利用小时数 4423h。

6.5　发展趋势

生物质能行业技术升级

开展新型生物质能技术研发与培育，提高生物质厌氧处理工艺及厌氧发酵成套装备研制水平，加快生物天然气、纤维素乙醇、藻类生物燃料等关键技术研发和设备制造。支持生物柴油、生物航空煤油等领域先进技术装备研发和推广使用。提高生产转化技术，降低行业生产成本。

生物质能多元化发展

在生活垃圾焚烧发电、农林生物质发电和沼气发电的基础上，将积极推动生物质能清洁供暖、生物天然气及非粮生物质液体燃烧等多元化发展。要开展生物天然气示范、生物质发电市场化示范和生物质能清洁供暖示范。建设以生物质热电联产、生物质成型燃料及其他可再生能源为主要能源的产业园区。建立农林生物质原料生产基地，建设以生物质锅炉、地热能等为主的乡村能源站，加快生物质能相关基础设施建设，有效整合各项资源，从而提高资源利用率。

生物质能产业链将更加完善

在政策红利持续释放下，河北省生物质能产业链将逐步完善，生物质能下游应用更加广泛，行业机械化生产、收集、产后处理、储运等环节联系将越发紧密且逐步向着规模化、规范化发展。

创新发展模式

优先支持创新示范项目，鼓励通过技术进步降低生产建设成本。创新发展秸秆收储、城镇生活垃圾资源保障体系，促进相关资源利用流程化、标准化、数据化和信息化，降低原料成本，保障生产运营稳定。

7 地热能

7.1 资源概况

河北省地热资源分布广泛，储量丰富，主要分布在保定、衡水、沧州、廊坊等市和部分山区。4000m以浅的资源概算，地热水可开采量9.7亿m³/a，热资源量200.3万亿kJ/a，相当于1138万tce/a。其中平原区地热资源分布面积5.6万km²，占平原区面积的76.5%；山区地热资源一般呈点状或带状分布。

平原区地热资源热储层主要包括明化镇组、馆陶组和基岩热储。井口水温一般40~80℃，最高可达120℃。地热水可开采量9.5亿m³/a，热资源量197万亿kJ/a，相当于1127万tce/a。明化镇组热储埋深一般为500~1200m，主要分布在保定市、衡水市、沧州市、廊坊市等中东部平原；馆陶组热储埋深一般为1200~2000m，主要分布在保定市、衡水市、沧州市、廊坊市等中东部平原；基岩热储埋深一般为800~4000m，主要分布在雄安新区、固安县、沧县、献县、高阳县、宁晋县一带。

山区地热资源主要分布在平山县、怀来县、阳原县、赤城县、隆化县、遵化市等地，受断裂构造控制，热水温度一般40~60℃，最高可达97℃。地热水可开采量1680万m³/a，热资源量3.3万亿kJ/a，相当于11.2万tce/a。

7.2 发展现状

河北省地热资源开发利用起步于20世纪80年代，主要利用形式有供暖、疗养洗浴、种植养殖等。截至2022年底，全省地热供暖面积3864万m²，约占全省供暖面积的2.78%。

全省地热探矿权57个、采矿权256个（其中：取暖213个、洗浴39个、种植养殖4个），矿区内地热井932眼，其中开采井502眼、回灌井430眼，生产规模3400万m³/a。

河北省地热资源探明储量持续增加，地热资源供应能力得到进一步提升。平原区已完成10个地质构造单元7.44万km²的地热勘查工作，共完成58个集中开采区和3处地热田地热资源预可行性勘查，地热资源主要分布在沧州市、保定市、衡水市等地，预估回灌条件下地热水可开采量

69.12 亿 m³/a（不包含雄安新区）；山区共完成 17 处地热资源预可行性勘查工作，主要分布在唐山市、承德市、张家口市及秦皇岛市等地，探明储量 1680 万 m³/a。河北省地热资源探明储量持续增加，地热资源供应能力得到进一步提升。

至 2022 年，全省开采总量 3400 万 m³。供暖项目全面落实回灌制度，地热开采基本实现采灌均衡。

7.3 前期管理

"十四五"以来，河北省高度重视地热资源的开发利用，地热资源开发利用管理日趋规范，地热项目的审批备案、取水许可、矿业权办理、技术规范等管理逐步完善。

2022 年 2 月 25 日，河北省发展改革委等九部门联合印发了《关于促进全省地热能开发的实施意见》（冀发改能源〔2022〕239 号）（以下简称《实施意见》），提出了高度重视地热开发利用、做好存量项目的摸底登记工作、严把新增项目审核关和切实落实监管责任四项要求。该《实施意见》明确了地热资源勘查、开发利用、产业化发展、科技攻关的主要任务及责任单位，提出存量和新增地热项目的新老划段有序管理的管理原则及相关流程，为河北省地热产业高质量发展起到积极促进作用。

2022 年 5 月 27 日河北省发展改革委、自然资源厅、水利厅联合印发《关于地热能开发利用项目备案有关事项的通知》（冀发改能源〔2022〕710 号），进一步明确了地热项目三级审核备案的管理流程，同时组织地热项目统一填报国家可再生能源信息管理平台，全面推动地热项目信息化管理。

2022 年 8 月，河北省自然资源厅发布了《河北省矿产资源总体规划（2021—2025 年）》，明确提出了要加强地热资源开发管理。按照"取热不耗水、同层回灌"要求，有序推进地热资源高效循环利用，探索应用"密封式、无干扰井下换热"技术开发利用地热资源。优先开发基岩热储地热资源，严格限制开发馆陶组地热资源，禁止开采作为后备饮用水源地的明化镇组地热资源。山区地热资源，按照取水许可要求，进行适度开发。

2022 年 11 月，河北省自然资源厅印发《河北省地热资源勘查开发"十四五"规划》（冀自然资发〔2022〕38 号），根据河北省地热资源禀赋特征与开发利用需求，实行不同热储差别化管控，科学布局开发区域，划定 48 处重点勘查区、6 个基岩热储集中开采区，将达到开采条件的 180 个地热单元划定为开采规划区块，有序出让采矿权。

截至 2022 年底，新增备案通过审查项目 38 个，其中涉及取水项目 3 个，涉及新钻取水井 21 口、回灌井 30 口，年许可取水量 270 万 m³。按开发用途分，供热项目 15 个，供热面积 414.7 万 m²，制冷面积 31.7 万 m²；种植养殖 23 个，面积 1080 亩。按项目类型分类：地源热泵类项目 31 个、水源热泵 1 个、中深层"取热不取水"4 个、中深层"取热不耗水、同层回灌"2 个。

7.4　技术进步

地热勘探取得明显进展

逐步摸清了平原区地热资源家底，划定了固安县牛驼镇、沧州市区、深州市区等 58 个集中开采区，同时圈定了 37 个基岩热储浅埋区为基岩热储远景区。深部地热勘探取得突破，冀中坳陷高阳低凸起实施的 JZ04 井，完钻深度 4007m，孔底温度 135.0℃，是京津冀地区同深度孔底温度最高的碳酸盐岩地热井，水汽混合流量每小时 227.84m³，井口处水汽混合物温度为 120.9℃，单井可供暖面积超过 25 万 m²；唐山马头营区干热岩调查井于 3965m 处成功钻获温度大于 150℃的干热岩体，实现了省内干热岩勘查重大突破，并开展了干热岩实验性发电。

热储增产改造技术效果明显

开展深部低渗透性碳酸盐岩热储水力喷射压裂裂隙起裂—扩展机理及裂隙形态研究，实施碳酸盐岩热储增产改造技术攻关。在雄安新区容城凸起高于庄组热储实施了水力喷射 + 酸化压裂综合增产改造，目标层段涌水量大幅提升，实现深部低渗透性碳酸盐岩热储产能大幅提升。

7.5　发展特点

开发利用与保护水平逐步提高

河北省率先对地热能开发利用方式进行研究分类，明确分为"浅层地源热泵""浅层水源热泵""中深层取热不取水""中深层取热不耗水等量同层回灌""达标直排直接利用"五类地热能开发利用方式。同时，还建立三级审核、两级监管、省级备案的地热资源开发利用项目管理制度，确保地热产业的高质量发展。为提高生态环境和地下水资源的保护水平，明确了地热能开发区域的设置条件和禁止开发的区域，同时加强尾水回灌监管，不断完善预警监测体系，逐步提升地热资源信息化管理水平，全省的地热资源开发和保护呈现新格局。

产业链条发展逐步完善

河北省大力支持和推广地热能开发利用技术的研究，鼓励具备条件的企业先行先试，引导地热产业以发电、工业用热、供暖制冷、设施农业、医疗康养的梯级综合利用，提高可持续开发利用水平，实现全产业链共同发展。

开采区块和布局更加科学规范

在《关于促进全省地热能开发的实施意见》基础上，自然资源厅印发了《河北省地热资源勘查开发"十四五"规划》，进一步优化地热资源开发利用布局，因地制宜选择开发利用模式，充分考虑资源勘查程度、矿权现状、布局结构等因素的影响，科学划定开采规划区块，指导采矿权合理设置。一个开采区块对应一个采矿权，原则上只设一个开发主体。

地热能开发利用及信息管理趋于规范

河北省作为全国地热能项目信息化管理试点省，积极推进线上信息填报工作，在水电水利规划设计总院的支持指导下，在国家可再生能源信息管理平台上为各市各县开通审核账号，并组织已取得备案企业及时进行信息填报和更新。坚持利用信息化平台对地热资源进行实时监测、监控，充分掌握地热资源的开发利用现状，为制定下一步发展方向提供有力的数据支撑。

8　氢能

8.1　发展基础

河北省拥有大量的工业副产氢资源和可再生能源资源，其中工业副产氢潜在能力约 94 万 t/a，可再生能源资源制氢潜能约 152 万 t/a，为河北省氢能发展提供了资源基础。

8.2　发展现状

工业副产氢占主导地位

河北省已形成日产 35t 工业副产氢能力，其中定州工业副产氢项目日产氢 13t、石家庄工业副产氢项目日产氢 10t、石化重整氢项目日产氢 5t、任丘石化重整氢项目日产氢 6.5t。

绿氢产能稳步增长

截至 2022 年底，张家口陆续建成多个绿氢项目，总绿氢日产能达 17t 以上，其他地区尚未有绿氢项目落地。

加氢环节稳步发展

目前全省已建成加氢站 18 座，较 2021 年底增加 3 座，其中张家口市 10 座、保定市 2 座、唐山市 3 座、邢台市 1 座、邯郸市 1 座、辛集市 1 座。

8.3 技术进步

制氢设备

邯郸市一直致力于氢能装备产品开发和生产，在碱性水电解制氢方面，破解了大功率水电解制氢核心材料制备、装备集成及适应于可再生能源宽功率波动性控制策略等"卡脖子"技术难题，研发的新一代 1000Nm³/h 碱性电解槽直流能耗 ≤ 4.3kW·h/Nm³H₂，电解槽小室电压 ≤ 1.8V，电流密度 ≥ 4000A/m²，技术指标达到国际领先水平。2022 年完成单台最大产气量 2000Nm³/h 碱性水制氢设备研制，关键技术指标达到国内同类产品最优水平。在纯水电解制氢方面，开发出了产氢量 200Nm³/h 纯水制氢设备，实现了兆瓦级以上 PEM 水电解制氢设备国内首台套突破，该项目应用于中国核电工程有限公司 1MWPEM 水电解制氢系统工程，填补了我国大规模 PEM 商业化应用空白，打破了国外技术壁垒，攻克了关键材料制备规模小、单位成本高等制约难题，电流密度 ≥ 20000A/m²@2.0V，关键技术指标达到国际先进水平。

储运技术发展提速

石家庄、保定、张家口等市企业加大储氢、运氢研发力度，持续提高技术水平，河北省将规划布局 3 条长距离氢能管道，包括中石化乌兰察布绿氢输送管道、中智天工绿氢输送管道、定州旭阳灰氢输送管道，开启管道输氢新篇章。

氢能应用平台

保定长城汽车建设 CNAS 国家氢能检测实验室，向构建"制—储—运—加—应用"一体化供应链生态迈出坚实一步，同时对进一步提升我国氢能装备检验、检测服务水平，推动行业相关标准体系和检测方法体系的建立，具有重要促进意义。

8.4 发展特点

氢能产业政策体系日趋完善

河北省出台《河北省推进氢能发展实施意见》、张家口市政府发布《支持建设燃料电池汽车示范城市的若干措施》，其他地市如保定、邯郸、唐山、定州、石家庄等也先后制定氢能相关支持政策，为氢能产业的市场化发展奠定基础。

绿氢市场占比不足

灰氢和蓝氢产能大，且价格低廉，占据主要市场。受制氢成本影响，绿氢价格仍在高位，一方面需加大降本增效技术研发力度，另一方面也需要政策引导，协调绿氢的消纳。氢气的主导市场在化工、炼油领域，交通运输和其他应用占比仍处于低位。

绿氢输送方式单一、应用受限

目前氢气输送仍以瓶、管车运输为主，氢气运输方式缺乏多元化，统筹管理的管道集中输氢规划应提上日程，该输氢方式将有效降低氢气输送成本。绿氢在交通运输方面的应用进入慢车道，加氢站的建设及氢能汽车的推广速度减慢。绿氨合成作为氢能储、运、用的有效途径，应用示范项目逐步增加。

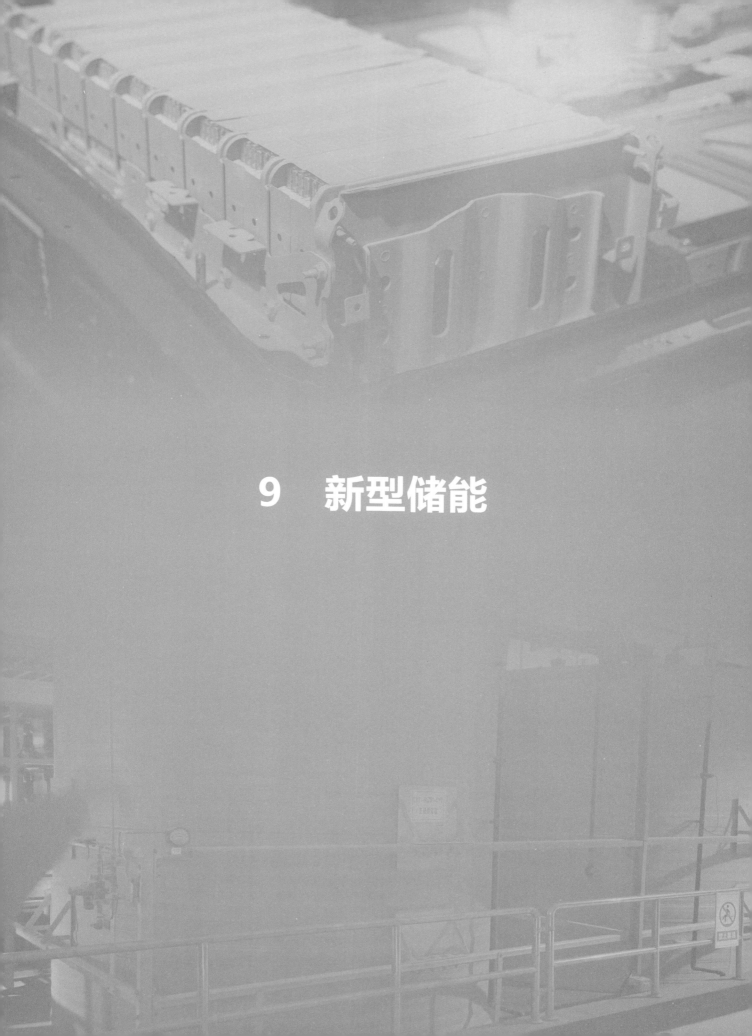

9 新型储能

9.1　发展现状

示范应用成效初步显现

截至 2022 年底，河北省新型储能总装机 25 万 kW，涵盖磷酸铁锂、全钒液流、铁铬液流、铅酸电池、压缩空气储能等多种储能形式。国网冀北电力公司张北风光储输示范工程已列入国家首批科技创新（储能）试点示范，是世界规模最大的风光储综合利用示范项目；京津冀地区首个"火电 + 储能"调频应用示范项目落地唐山丰润电厂，率先探索新型储能与传统火电融合发展的新模式；雄安新区王家寨绿色智能微电网示范工程采用"储能 + 分布式能源"模式创造性地解决了局部微电网绿色电力安全稳定供应问题。

技术创新水平稳步提升

河北省已有部分新型储能装备技术走到全国乃至世界前列，其中国家电投东方能源（河北公司）联合集团公司中央研究院开发的铁—铬液流储能电池技术处于国内领先水平；由中科院工程热物理研究所研发、巨人集团建设的张北 100MW 先进压缩空气储能项目已申请国家首台（套）科技装备，技术处于世界领先地位，设计效率达 70.4%；承德万利通公司与清华大学国家"863"计划钒电池项目组共同开发的全钒液流电池获得了国家 30 余项专利，攻克了全钒液流电池溶液、电极电堆、质子交换膜等多项关键核心技术，为化学储能提供了安全发展的技术路线。

商业模式得到有益探索

河北省注重加快推动新型储能市场化商业化发展进程，商业模式不断得到创新突破，由初期的电源侧新能源发电配套、平滑出力减少弃电，逐步拓展到电网侧调峰调频辅助服务、用户侧峰谷价差套利等商业化运营模式，为新型储能参与电力市场交易提供有益探索。

9.2　前期工作

储能多元化发展稳步推进

2022 年 4 月 10 日，河北省发展改革委印发《河北省"十四五"新型储能发展规划》，加快推进新型储能在不同技术路线的试点示范，包含锂离子电池储能、液流电池、飞轮、压缩空气储能、液态金属电池、固态锂离子电池、金属空气电池、氢储能等应用领域，鼓励结合电力系统需求推动多种储能技术联合应用，开展复合型储能试点示范。

"新能源 + 储能" 模式崭露头角

2022 年 11 月 4 日，河北省发展改革委下发《关于做好 2022 年风电、光伏发电项目申报工作的通知》，明确提出，南网、北网保障性并网项目需配置储能规模不低于项目容量 10%、15%，连续储能时长不低于 2h，预计新增储能规模达 119.5 万 kW。此外，市场化并网和储备类也均对储能配置有一定要求，"新能源 + 储能"模式成为新能源开发的重要途径。

电网侧独立储能示范推广

2022 年 5 月 17 日，河北省发展改革委印发《2022 年度列入省级规划电网侧独立储能示范项目清单（第一批）》，进一步明确储能发展年度目标。为有序推进新型储能项目建设，提升新能源消纳能力，不断满足电网调峰需求，首批列入省级规划的 31 个电网侧独立储能示范项目涵盖了锂离子电池、压缩空气、飞轮、氢能发电四种新型储能技术路线，总规模 506 万 kW，河北南网建设规模 235 万 kW；冀北电网建设规模 271 万 kW。

9.3　投资建设

锂离子储能成本上升

锂电池上游原材料价格持续走高，尤其应用较为广泛的磷酸铁锂材料，均价由 2022 年初的 10.5 万元 /t 上涨至 16.8 万元 /t，涨幅约 60%。2022 年，河北省磷酸铁锂储能电站单位千瓦平均造价 2000~2733 元。

钒液流电池前景广阔

与锂离子储能中锂矿主要依赖进口不同，我国钒矿产量占全球 60% 以上，原材料自主性较高，成本下降预期较好。2022 年，河北省钒液流储能电站单位千瓦平均造价约 3500 元。

压缩空气储能降本空间较大

先进绝热压缩空气储能系统国产化持续推进，其中，张北县百兆瓦先进压缩空气储能技术示范项目已建成并网，中国科学院工程热物理研究所提供技术支撑，设备提供方为中储国能（北京）技术有限公司，大规模先进压缩空气储能产业化进程迅速。2022 年，河北省压缩空气储能电站单位千瓦平均造价约 8400 元。

9.4　发展特点

储能多元化发展趋势明朗

目前新型储能虽处于起步阶段，但其在电力系统中作用丰富，可用于系统调峰、调频、黑启动、电压控制等，且不同类型储能均存在各自的技术经济优势，储能多元化发展已成趋势。其中物理储能方面，压缩空气储能有一定技术进步，张家口百兆瓦级先进压缩空气储能项目已并网投产；电化学储能方面，锂离子电池储能技术已发展至商业化，但储能规模存在经济技术瓶颈，液流电池成为长时间储能的重要发展方向；电气储能方面，超级电容储能、超导储能研发稳步进行。

压缩空气储能发展潜力巨大

压缩空气储能，作为除抽水蓄能以外第二大适合大规模开发的储能技术，因其建设周期短、场地限制少等因素，未来发展潜力巨大。结合压缩空气储能目前经济技术特点，其未来发展趋势为：储能效率提升，冷热电综合效率争取接近抽水蓄能；单机容量从兆瓦级向百兆瓦级升至吉瓦级突破；通过废弃矿洞、人工硐室等技术，降低地理条件对储气库选择的限制，进而降低建设成本。

10 政策要点

10.1 综合类政策

2022 年，国家在加强规划目标引导、推动科技创新、提升消纳水平、推动绿色发展、加大金融支持、规范运行管理、促进市场化交易、加强信息监测、完善能耗双控制度等方面，出台了一系列的政策和措施，支持和促进可再生能源行业大规模、高质量跃升发展。

（1）2022 年 1 月 21 日，国家发展改革委、工业和信息化部、住房和城乡建设部、商务部、市场监管总局、国管局、中直管理局联合印发《促进绿色消费实施方案》，提出促进绿色消费是消费领域的一场深刻变革，必须在消费各领域全周期全链条全体系深度融入绿色理念，全面促进消费绿色低碳转型升级，这对贯彻新发展理念、构建新发展格局、推动高质量发展、实现碳达峰碳中和目标具有重要作用，意义十分重大。

（2）2022 年 1 月 29 日，国家发展改革委、国家能源局发布《"十四五"现代能源体系规划》，提出了"十四五"时期现代能源体系建设的主要目标。一是能源保障更加安全有力，二是能源低碳转型成效显著，三是创新发展能力显著增强，四是能源系统效率大幅提高，五是普遍服务水平持续提升。

（3）2022 年 1 月 30 日，国家发展改革委、国家能源局印发《关于完善能源绿色低碳转型体制机制和政策措施的意见》，明确到 2030 年，基本建立完整的能源绿色低碳发展制度和政策体系，形成非化石能源既基本满足能源需求增量又规模化替代化石能源存量、能源安全保障能力得到全面增强的能源生产消费格局，并在完善国家能源战略和规划实施的协同推进机制、完善引导绿色能源消费的制度和政策体系、建立绿色低碳为导向的能源开发利用新机制、完善新型电力系统建设和运行机制等方面提出具体要求。加大对清洁低碳能源项目、能源供应安全保障项目投融资支持力度。中央财政资金进一步向农村能源建设倾斜，利用现有资金渠道支持农村能源供应基础设施建设、北方地区冬季清洁取暖、建筑节能等。

（4）2022 年 3 月，国家能源局印发《2022 年能源工作指导意见》，明确 2022 年能源工作主要目标。2022 年，非化石能源占能源消费总量比重提高到 17.3% 左右，新增电能替代电量 1800 亿 kW·h 左右，风电、光伏发电发电量占全社会用电量的比重达到 12.2% 左右。跨区输电通道平均利用小时数处于合理区间，风电、光伏发电利用率保持合理水平。加大力度规划建设以大型风光基地为基础、以其周边清洁高效先进节能的煤电为支撑、以稳定安全可靠的特高压输变电线路为载体的新能源供给消纳体系。优化近海风电布局，开展深远海风电建设示范，稳妥推动海上风电基地建设。积极推进水风光互补基地建设。继续实施整县屋顶分布式光伏开发建设，加强实施情况监管。因地制宜组织开展"千乡万村驭风行动"和"千家万户沐光行动"。充分利用油气矿区、工矿场区、工业园区的土地、屋顶资源开发分布式风电、光伏发电。

（5）2022 年 4 月 8 日，国家能源局、科学技术部发布了《"十四五"能源领域科技创新规划》。提出在"十四五"时期，能源领域现存的主要短板技术装备基本实现突破。前瞻性、颠覆性能源技术快速兴起，新业态、新模式持续涌现，形成一批能源长板技术新优势。能源科技创新体系进一步健全。能源科技创新有力支撑引领能源产业高质量发展。

（6）2022 年 5 月 14 日，国务院办公厅转发国家发展改革委、国家能源局《关于促进新时代新能源高质量发展的实施方案》，明确要实现到 2030 年风电、太阳能发电总装机容量达到 12 亿 kW 以上的目标，加快构建清洁低碳、安全高效的能源体系。促进新时代新能源高质量发展，提出从创新开发利用模式、构建新型电力系统、深化"放管服"改革、支持引导产业健康发展、保障合理空间需求、充分发挥生态环境保护效益、财政金融等七个方面完善政策措施，坚持先立后破、通盘谋划，更好发挥新能源在能源保供增供方面的作用，助力扎实做好碳达峰、碳中和工作。

（7）2022 年 5 月 24 日，国务院发布《扎实稳住经济一揽子政策措施》，提出抓紧推动实施一批能源项目。积极稳妥推进金沙江龙盘等水电项目前期研究论证和设计优化工作。加快推动以沙漠、戈壁、荒漠地区为重点的大型风电光伏基地建设，近期抓紧启动第二批项目，统筹安排大型风光电基地建设项目用地用林用草用水，按程序核准和开工建设基地项目、煤电项目和特高压输电通道。

（8）2022 年 5 月 25 日，财政部印发《财政支持做好碳达峰碳中和工作的意见》，首次提出碳市场配额将适时引入有偿分配的方式，同时从清洁低碳安全高效能源体系建设、重点行业领域绿色低碳转型、绿色低碳科技创新和基础能力建设、绿色低碳生活和资源节约利用、碳汇能力巩固提升和绿色低碳市场体系完善等六方面做好财政政策保障工作。

（9）2022 年 5 月，中共中央办公厅、国务院办公厅印发《乡村建设行动实施方案》，提出要实施乡村清洁能源建设工程。巩固提升农村电力保障水平，推进城乡配电网建设，提高边远地区供电保障能力。发展太阳能、风能、水能、地热能、生物质能等清洁能源，在条件适宜地区探索建设多能互补的分布式低碳综合能源网络。按照先立后破、农民可承受、发展可持续的要求，稳妥有序推进北方农村地区清洁取暖，加强煤炭清洁化利用，推进散煤替代，逐步提高清洁能源在农村取暖用能中的比重。

（10）2022 年 5 月，中共中央办公厅、国务院办公厅印发《关于推进以县城为重要载体的城镇化建设的意见》，提出推进以县城为重要载体的城镇化建设，完善垃圾收集处理体系，因地制宜建设生活垃圾分类处理系统，配备满足分类清运需求、密封性好、压缩式的收运车辆，建设与清运量相适应的垃圾焚烧设施，做好全流程恶臭防治，提升县城人居环境质量。推进生产生活低碳化。推动能源清洁低碳安全高效利用，引导非化石能源消费和分布式能源发展，在有条件的地区推进屋顶分布式光伏发电。

（11）2022年6月1日，国家发展改革委、国家能源局、财政部、自然资源部、生态环境部、住房和城乡建设部、农业农村部、中国气象局、国家林业和草原局联合发布《关于发布"十四五"可再生能源发展规划的通知》，提出加快发展可再生能源、实施可再生能源替代行动，是推进能源革命和构建清洁低碳、安全高效能源体系的重大举措，是保障国家能源安全的必然选择，是我国生态文明建设、可持续发展的客观要求，是构建人类命运共同体、践行应对气候变化自主贡献承诺的主导力量。

（12）2022年6月24日，生态环境部、发展改革委、工业和信息化部、住房城乡建设部、交通运输部、农业农村部、能源局联合发布《减污降碳协同增效实施方案》，坚持突出协同增效、强化源头防控、优化技术路径、注重机制创新、鼓励先行先试的工作原则，提出到2025年减污降碳协同推进的工作格局基本形成、到2030年减污降碳协同能力显著提升等工作目标。方案聚焦6个主要方面提出重要任务举措，包括加强源头防控、突出重点领域、优化环境治理、开展模式创新、强化支撑保障以及加强组织实施等。

（13）2022年8月15日，国家发展改革委、国家统计局、国家能源局联合发布《关于进一步做好新增可再生能源消费不纳入能源消费总量控制有关工作的通知》，明确绿证是可再生能源电力消费的凭证。各省级行政区域可再生能源消费量以本省各类型电力用户持有的当年度绿证作为相关核算工作的基准。企业可再生能源消费量以本企业持有的当年度绿证作为相关核算工作的基准。

（14）2022年8月24日，工业和信息化部、财政部、商务部、国务院国有资产监督管理委员会、国家市场监督管理总局五部门联合印发《加快电力装备绿色低碳创新发展行动计划》，提出通过5~8年时间，电力装备供给结构显著改善，保障电网输配效率明显提升，高端化智能化绿色化发展及示范应用不断加快，国际竞争力进一步增强，基本满足适应非化石能源高比例、大规模接入的新型电力系统建设需要。煤电机组灵活性改造能力累计超过2亿kW，可再生能源发电装备供给能力不断提高，风电和太阳能发电装备满足12亿kW以上装机需求，核电装备满足7000万kW装机需求。明确推进火电、水电、核电、风电、太阳能发电、氢能、储能、输电、配电及用电等10个领域电力装备绿色低碳发展。

（15）2022年9月20日，国家能源局印发《能源碳达峰碳中和标准化提升行动计划》，明确重点推进能源绿色低碳转型、技术创新、能效提升和产业链碳减排等相关领域标准化，提出加快完善风电、光伏发电、水电、各类可再生能源综合利用以及核电标准，组织开展风电光伏标准体系完善行动、水风光综合能源开发利用标准示范行动。提出完善新型储能标准管理体系，结合新型电力系统建设需求，根据新能源发电并网配置和源网荷储一体化需要，抓紧建立涵盖新型储能项目建设、生产运行全流程以及安全环保、技术管理等专业技术内容的标准体系。

（16）2022 年 10 月 27 日，财政部印发《关于提前下达 2023 年可再生能源电价附加补助地方资金预算的通知》，明确 2023 年度可再生能源电价附加补助资金预算将提前下达。各省级能源主管部门尽快将补贴资金拨付至电网企业或公共可再生能源独立电力系统项目企业。

（17）2022 年 12 月 28 日，国家发展改革委科技部发布《关于进一步完善市场导向的绿色技术创新体系实施方案（2023—2025 年）的通知》，深入贯彻落实党的二十大精神，进一步完善市场导向的绿色技术创新体系，加快节能降碳先进技术研发和推广应用，充分发挥绿色技术对绿色低碳发展的关键支撑作用，绿色技术创新对绿色低碳发展的支撑能力持续强化。企业绿色技术创新主体进一步壮大，培育一批绿色技术领军企业、绿色低碳科技企业、绿色技术创新领域国家级专精特新"小巨人"企业。各类绿色技术创新主体创新活力不断释放，协同创新更加高效。绿色技术供给能力显著提升，形成一批基础性、原创性、颠覆性绿色技术创新成果。绿色技术交易市场更加规范有序，先进适用的绿色技术创新成果得以充分转化应用。绿色技术评价、金融支持、人才培养、产权保护等服务保障全面优化。绿色技术领域国际交流和对外开放持续深化。

10.2　新能源类政策

2022 年国家出台多项政策促进新能源健康持续发展，主要包括金融支持、多元化利用、融合发展、电价政策、补贴资金等方面。

（1）2022 年 1 月 2 日，国务院发布了《中共中央　国务院关于做好 2023 年全面推进乡村振兴重点工作的意见》，要求扎实推进宜居宜业和美乡村建设，推进农村电网巩固提升，发展农村可再生能源。

（2）2022 年 1 月 29 日，国家能源局发布《"十四五"新型储能发展实施方案》，提出新型储能发展的基本原则，一是统筹规划，因地制宜。强化顶层设计，突出科学引领作用，加强与能源相关规划衔接，统筹新型储能产业上下游发展。针对各类应用场景，因地制宜多元化发展，优化新型储能建设布局。二是创新引领，示范先行。以"揭榜挂帅"等方式加强关键技术装备研发，分类开展示范应用。加快推动商业模式和体制机制创新，在重点地区先行先试。推动技术革新、产业升级、成本下降，有效支撑新型储能产业市场化可持续发展。三是市场主导，有序发展。明确新型储能独立市场地位，充分发挥市场在资源配置中的决定性作用，更好发挥政府作用，完善市场化交易机制，丰富新型储能参与的交易品种，健全配套市场规则和监督规范，推动新型储能有序发展。四是立足安全，规范管理。加强新型储能安全风险防范，明确新型储能产业链各环节安全责任主体，建立健全新型储能技术标准、管理、监测、评估体系，保障新型储能项目建设运行的全过程安全。

（3）2022年3月23日，国家发展改革委、国家能源局联合发布《氢能产业发展中长期规划（2021—2035年）》，提出了氢能产业发展基本原则和各阶段发展目标：明确到2025年，基本掌握核心技术和制造工艺，燃料电池车辆保有量约5万辆，部署建设一批加氢站，可再生能源制氢量达到10万～20万t/a，实现二氧化碳减排100万～200万t/a。到2030年，形成较为完备的氢能产业技术创新体系、清洁能源制氢及供应体系，有力支撑碳达峰目标实现。到2035年，形成氢能多元应用生态，可再生能源制氢在终端能源消费中的比例明显提升。部署了推动氢能产业高质量发展的重要举措，要求建立氢能产业发展部际协调机制，协调解决氢能发展重大问题等。

（4）2022年6月7日，国家发展改革委办公厅、国家能源局联合发布《关于进一步推动新型储能参与电力市场和调度运用的通知》，明确提出进一步明确新型储能市场定位，建立完善相关市场机制、价格机制和运行机制，提升新型储能利用水平，引导行业健康发展，新型储能具有响应快、配置灵活、建设周期短等优势，可在电力运行中发挥顶峰、调峰、调频、爬坡、黑启动等多种作用，是构建新型电力系统的重要组成部分。要建立完善适应储能参与的市场机制，鼓励新型储能自主选择参与电力市场，坚持以市场化方式形成价格，持续完善调度运行机制，发挥储能技术优势，提升储能总体利用水平，保障储能合理收益，促进行业健康发展。

（5）2022年6月23日，工信部、国家发展改革委等六部门联合发布《工业能效提升行动计划》，提出到2025年，工业单位增加值能耗比2020年下降13.5%的目标。加快推进工业用能绿色化。支持具备条件的工业企业、工业园区建设工业绿色微电网，加快分布式光伏、分散式风电、高效热泵、余热余压利用、智慧能源管控等一体化系统开发运行，推进多能高效互补利用。鼓励通过电力市场购买绿色电力，就近大规模高比例利用可再生能源。推动智能光伏创新升级和行业特色应用，创新"光伏＋"模式，推进光伏发电多元布局。大力发展高效光伏、大型风电、智能电网和高效储能等新能源装备。积极推进新型储能技术产品在工业领域应用，探索氢能、甲醇等利用模式。

（6）2022年7月7日，工业和信息化部、国家发展改革委、生态环境部联合印发《工业领域碳达峰实施方案》，提出推进氢能制储输运销用全链条发展。鼓励企业、园区就近利用清洁能源，支持具备条件的企业开展"光伏＋储能"等自备电厂、自备电源建设。加快工业绿色微电网建设。增强"源网荷储"协调互动，引导企业、园区加快分布式光伏、分散式风电、多元储能、高效热泵、余热余压利用、智慧能源管控等一体化系统开发运行，推进多能高效互补利用，促进就近大规模高比例消纳可再生能源。加强再生资源循环利用。研究退役光伏组件、废弃风电叶片等资源化利用的技术路线和实施路径。加大能源生产领域绿色低碳产品供给。推进先进太阳能电池及部件智能制造，提高光伏产品全生命周期信息化管理水平。支持低成本、高效率光伏技术研发及产业化应用，优化实施光伏、锂电等行业规范条件、综合标准体系。持续推动陆上风电机组稳步发展，加快大功率固定式海上风电机组和漂浮式海上风电机组研制，开展高空风电机组预研。重点攻克变流器、主轴承、联轴器、电控系统及核心元器件，完善风电装备产业链。

（7）2022 年 8 月 11 日，国家能源局综合司印发《关于加快推进地热能开发利用项目信息化管理工作的通知》，通知要求加快推进地热能开发利用项目（地热能供暖 / 制冷和地热能发电）信息化管理工作，各省级能源主管部门要根据当地地热能开发利用特点，充分评估并选择国家可再生能源信息管理中心或者国家地热中心等开发的地热信息管理平台，尽快在全省范围内推广应用，地热能开发利用计入本地可再生能源消费总量，各省按照国家有关文件与新增可再生能源消费不纳入能源消费总量控制做好衔接。国家可再生能源信息管理中心负责汇总各省（区、市）能源主管部门正式提供的数据。

（8）2022 年 8 月，工信部印发《关于推动能源电子产业发展的指导意见（征求意见稿）》，提出鼓励以企业为主导，开展面向市场和产业化应用的研发活动，扩大光伏发电系统、储能、新能源微电网等智能化多样化产品和服务供给。积极有序发展光能源、硅能源、氢能源、可再生能源。发展先进高效的光伏产品及技术，鼓励开发户用智能光伏系统和移动能源产品。开发安全经济的新型储能电池。研究突破超长寿命高安全性电池体系、大规模大容量高效储能、交通工具移动储能等关键技术，加快研发固态电池、钠离子电池、氢储能 / 燃料电池等新型电池。建立分布式光伏集群配套储能系统；加快适用于智能微电网的光伏产品和储能系统等研发。

（9）2022 年 8 月，科技部、国家发展改革委、工业和信息化部、生态环境部、住房城乡建设部、交通运输部、中国科学院、中国工程院国家能源局联合印发《科技支撑碳达峰碳中和实施方案（2022—2030 年）》，系统提出科技支撑碳达峰碳中和的创新方向，统筹低碳科技示范和基地建设、人才培养、低碳科技企业培育和国际合作等措施，推动科技成果产出及示范应用，为实现碳达峰碳中和目标提供科技支撑。为新能源发电、智能电网、储能、可再生能源非电利用、氢能等能源绿色低碳转型提供支撑技术。加强前沿和颠覆性低碳技术创新。开展一批典型低碳零碳技术应用示范，建设大规模高效光伏、漂浮式海上风电示范工程；建设"风光互补"等示范工程；建立一批适用于分布式能源的"源—网—荷—储—数"综合虚拟电厂；强化氢的"制—储—输—用"全链条技术研究，组织实施"氢进万家"科技示范工程。加快推动强制性能效、能耗标准制（修）订工作，完善新能源和可再生能源、绿色低碳工业、储能等前沿低碳零碳负碳技术标准，加快构建低碳零碳负碳技术标准体系。

（10）2022 年 10 月 18 日，国家市场监管总局等九部门联合印发《建立健全碳达峰碳中和标准计量体系实施方案》，提出加强重点领域碳减排标准体系建设。要健全非化石能源技术标准。围绕风电和光伏发电全产业链条，开展关键装备和系统的设计、制造、维护、废弃后回收利用等标准制修订。建立覆盖制储输用等各环节的氢能标准体系，加快完善海洋能、地热能、核能、生物质能、水力发电等标准体系，推进多能互补、综合能源服务等标准的研制。要加快新型电力系统标准制修订。围绕构建新型电力系统，开展电网侧、电源侧、负荷侧标准研究，重点推进智能电网、新型储能标准制定，逐步完善源网荷储一体化标准体系。提出加快布局碳清除标准体系。

（11）2022年11月28日，国家发展改革委、住房城乡建设部、生态环境部、财政部、人民银行联合发布《关于加强县级地区生活垃圾焚烧处理设施建设的指导意见》，提出到2025年，全国县级地区基本形成与经济社会发展相适应的生活垃圾分类和处理体系，京津冀及周边、长三角、粤港澳大湾区、国家生态文明试验区具备条件的县级地区基本实现生活垃圾焚烧处理能力全覆盖。长江经济带、黄河流域、生活垃圾分类重点城市、"无废城市"建设地区以及其他地区具备条件的县级地区，应建尽建生活垃圾焚烧处理设施。到2030年，全国县级地区生活垃圾分类和处理设施供给能力和水平进一步提高，小型生活垃圾焚烧处理设施技术、商业模式进一步成熟，除少数不具备条件的特殊区域外，全国县级地区生活垃圾焚烧处理能力基本满足处理需求。

10.3 河北省政策

2022年，河北省积极响应国家政策，从规划、消纳、经济、技术发展等方面，出台了一系列政策和措施支持和促进河北省可再生能源行业高质量发展。

（1）2022年1月14日，河北省人民政府发布《河北省生态环境保护"十四五"规划》，提出要提高可持续发展能力，加快能源资源产业绿色发展的要求，能源资源配置更加合理、利用效率大幅提高，单位地区生产总值能源消耗和碳排放强度持续降低，简约适度、绿色低碳的生活方式加快形成。

（2）2022年2月25日，河北省发展和改革委员会、省财政厅、省自然资源厅、省生态环境厅、省住房和城乡建设厅、省水利厅、省统计局、省地矿局、省煤田地质局联合发布《关于促进全省地热能开发利用的实施意见》，提出高度重视地热能开发利用，做好存量项目摸底登记工作、严把新增项目审核关、切实落实监管责任等要求。深化地热能资源勘查开发工作。同时提出积极推进浅层地热能利用、稳步推进中深层地热能供暖、推动地热能开发利用产业化发展、加大科技攻关力度等重点任务，并严格依法管理，提供保障措施来推动河北省地热能开发利用持续高质量发展。

（3）2022年3月4日，河北省发展和改革委员会、省工业和信息化厅、省住房和城乡建设厅、省商务厅、省市场监督管理局、省机关事务管理局六部门发布《河北省促进绿色消费实施方案的通知》，指出绿色消费是各类消费主体在消费活动全过程贯彻绿色低碳理念的消费行为。在消费各领域全周期全链条全体系深度融入绿色理念，全面促进消费绿色低碳转型升级，对于贯彻新发展理念、构建新发展格局、推动高质量发展、实现碳达峰碳中和目标具有重要意义。提出建立绿色电力交易与可再生能源消纳责任权重挂钩机制，组织引导用户与新能源企业签订中长期交易合同。

（4）2022 年 3 月 16 日，河北省能源局发布《屋顶分布式光伏建设指导规范（试行）》的通知，屋顶分布式光伏项目逐步按照"光伏 + 储能"方式开发建设，以确保电网安全运行和用户供用电安全为原则，统筹考虑负荷特性和电能质量要求进行储能配置。

（5）2022 年 3 月 16 日，河北省发展改革委、财政厅、自然资源厅等八部门联合发布《河北省可再生能源发展"十四五"规划》，明确加快推动能源结构优化转型。围绕"碳达峰、碳中和"目标，科学布局风能开发项目，多元化推动太阳能利用，因地制宜发展生物质、地热，进一步优化能源配置格局。该规划指出，到 2025 年，实现风电"十四五"翻一番，可再生能源装机占比达到 60% 以上，全省可再生能源新增装机 6600 万 kW，总装机达到 11400 万 kW 以上。其中，风电、光伏发电、生物质发电、水电装机容量分别累计达到 4600 万 kW、6000 万 kW、290 万 kW、542 万 kW。

（6）2022 年 3 月 26 日，河北省政府办公厅发布河北省人民政府《关于印发河北省"十四五"节能减排综合实施方案的通知》，提出到 2025 年，全省重点地区和行业能源利用效率显著提高，单位地区生产总值能耗、煤炭消费量比 2020 年分别下降 14.5% 和 10% 的目标。单位地区生产总值二氧化碳排放确保完成国家下达指标。节能减排政策制度日趋完善，绿色、低碳、循环发展的经济体系基本建立，绿色生产生活方式广泛形成，经济和社会发展绿色转型取得显著成效。重点行业绿色改造方面要加快提升新建项目可再生能源消费比重；产业园区节能环保提升方面要加快可再生能源推广应用，鼓励优先利用可再生能源，推行热电联产、分布式能源及光伏储能一体化应用；城镇绿色节能改造方面要因地制宜应用太阳能、浅层地热能、生物质能等可再生能源解决建筑采暖用能需求；农业农村节能减排方面要优化农业农村用能结构，加快风能、太阳能、生物质能、空气源热能等可再生能源在农业生产和农村生活中的应用，逐步提升清洁能源消费比重；公共机构能效提升方面要加大太阳能、地热能、空气能等可再生能源和热泵、高效储能技术推广力度，实施清洁能源供暖，提高可再生能源消费比重；重点区域节能减排方面要推动张家口、承德清洁能源创新引领发展，加快建设张家口可再生能源示范区，扩大可再生能源外送规模、提高就地消纳率，加速推进承德千万千瓦级清洁能源发电基地建设，加大抽水蓄能等清洁能源开发利用力度，大力推进张家口、承德绿氢制备工程建设。

（7）2022 年 4 月 1 日，河北省发展和改革委员会印发《2022 年河北省电力需求侧管理工作方案》，提出要积极推进需求响应实践应用。电网企业要围绕保障电力平衡、促进新能源消纳及缓解电网局部断面等场景，积极探索日内、实时需求响应，推动需求侧资源参与调峰调频、事故备用、现货市场，助力新型电力系统建设。

（8）2022 年 5 月 20 日，河北省发展和改革委员会印发《全省电网侧独立储能布局指导方案》和《全省电源侧共享储能布局指导方案（暂行）》，提出全省"十四五"期间电网侧独立储能总体需求规模约 1700 万 kW，计划在河北南网布局独立储能项目建设规模 800 万 kW，在冀北电网布局独立储能项目建设规模 900 万 kW。规划到"十四五"末，在全省 23 个重点县区，新建共享储能电站 27 个，建设规模约 500 万 kW。

（9）2022 年 5 月 27 日，河北省发展和改革委员会、省自然资源厅、省水利厅三部门联合发布《地热能开发利用项目备案有关事项》，进一步明确了地热项目三级审核备案的管理流程，同时组织地热项目统一填报国家可再生能源信息管理平台，全面推动地热项目信息化管理。

（10）2022 年 6 月 2 日，《河北省人民政府关于印发扎实稳定全省经济运行的一揽子措施及配套政策的通知》的总措施中提出，加快蔚县、张北、丰宁 3 个国家级百万千瓦大型风电光伏基地建设，有序推进 37 个整县屋顶分布式光伏试点建设，全年全省新增新能源并网装机 800 万 kW 以上。在科技支持、稳经济及稳投资等配套措施中也多次提及要大力发展新能源项目。

（11）2022 年 6 月 4 日，河北省发展和改革委员会印发《进一步清理规范光伏复合项目开发建设工作方案》，提出要严格落实用地政策，确保项目以农为主、互补共赢。开展已建、在建光伏复合项目的摸底排查。规范项目建设管理。

（12）2022 年 6 月 19 日，河北省人民政府印发《河北省碳达峰实施方案》，提出到 2025 年，非化石能源消费比重达到 13% 以上；到 2030 年，煤炭消费比重降至 60% 以下、非化石能源消费比重达到 19% 以上的目标。提出能源绿色低碳转型行动、节能降碳增效行动、工业领域碳达峰行动、城乡建设碳达峰行动、交通运输绿色低碳行动、循环经济助力降碳行动、绿色低碳科技创新行动、碳汇能力巩固提升行动、绿色低碳全民行动、梯次有序推进区域碳达峰行动等十项重点任务。

（13）2022 年 6 月 24 日，河北省发展和改革委员会印发《河北省推进新能源产业高质量发展省领导包联工作方案》，提出以推动新能源产业高质量发展为主线，充分发挥省领导包联工作抓总、协调、推动的独特作用，深入落实政策措施，主动化解困难问题，抓投资、上项目，并提出六项重大任务，三项保证措施，力争今年新增装机 800 万 kW 以上，完成投资 1000 亿元左右，为全省能源产业低碳转型和经济快速发展贡献力量。

（14）2022 年 7 月 13 日，河北省发展和改革委员会印发《公布省级整县（市、区）屋顶分布式光伏开发试点》，提出将张家口市宣化区、秦皇岛市抚宁区、唐山市迁安市、邢台市宁晋县、邯郸市武安市共 5 个县（市、区）列为省级整县（市、区）屋顶分布式光伏开发试点，要求抓紧制定配套电网建设方案并同步启动配电网建设改造工作，切实保障试点县（市、区）分布式光伏接入需求。原则上 2022 年、2023 年分别完成不低于总装机任务的 30%、70%，确保 2023 年底前如期完成项目建设任务。

（15）2022 年 7 月 25 日，河北省发展和改革委员会发布《关于加快推动整县（市、区）屋顶分布式光伏开发试点工作有关事项的通知》，各市、县（区）以及电网公司要坚定信心，进一步明确任务目标，坚决完成 50% 的年度计划。要科学合理确定开发资源，保证屋顶资源使用安全、合法、合理。要科学制定配套电网改造提升计划，在"确位、确量"的基础上精细制定电网改造台账，为试点开发建设做好根本保障。试点县（区）政府要落实主体责任，全面强化市场管理、建设管理、工程质量管理，采取有力有效措施，保障建设进度和施工质量，切实推动试点建设工作取得新进展。

（16）2022 年 9 月 16 日，河北省发展和改革委员会发布《关于公布风电、光伏发电项目调整意见的通知》，公布风电、光伏发电项目取消和调整情况两张统计表，要求各市按照调整意见指导企业做好项目核准（备案），结合实际制定加快推动项目建设的政策措施，推动项目尽早开工建设，鼓励具备电网接入条件的项目提前并网。

（17）2022 年 9 月 27 日，为进一步促进全省屋顶分布式光伏科学有序安全发展，河北省发展和改革委员会发布《关于加强屋顶分布式光伏发电管理有关事项的通知》，提出坚持就近消纳就地平衡、做好项目全口径统计、定期公开电网可接入容量、积极实施电网改造升级、规范屋顶分布式光伏立项手续、加强屋顶分布式光伏建设并网管理、加强屋顶分布式光伏并网验收管理、建立健全屋顶分布式光伏检查机制和做好屋顶分布式光伏发电管理落实工作等九项任务。

（18）2022 年 11 月 4 日，河北省发展和改革委员会发布《关于做好 2022 年风电、光伏发电项目申报工作的通知》，提出保障性并网规模项目指完成可再生能源电力消纳责任权重所必需的新增并网项目，由电网企业实行保障性并网，全省安排保障性并网规模 1000 万 kW，南网、北网项目配置储能规模分别不低于项目容量 10%、15%，连续储能时长不低于 2h。分散式风电项目和地面分布式光伏发电项目（0.6 万 kW 以下，不含屋顶分布式光伏发电项目），纳入年度保障性并网规模管理，占用各市申报规模，与集中式风电、光伏发电项目一同申报，申报原则、申报条件、时限要求、工作程序参照集中式风电光伏项目执行。

（19）2022 年 11 月 21 日，河北省自然资源厅印发《河北省地热资源勘查开发"十四五"规划》，根据河北省地热资源禀赋特征与开发利用需求，实行不同热储差别化管控，科学布局开发区域，划定 48 处重点勘查区、6 个基岩热储集中开采区，将达到开采条件的 180 个地热单元划定为开采规划区块，有序出让采矿权。提出到 2025 年，建立起适应生态文明建设要求的地热资源管理和保护机制，到 2035 年，基岩热储勘查程度进一步提高，地热资源开发利用规模显著提升，地热资源管理和保护机制进一步完善，地热资源勘查、开发秩序规范，地热开发利用效率显著提升，地热资源动态监测系统基本完善的目标。

（20）2022 年 12 月，河北省发展和改革委员会发布《冀北电网 2023 年电力中长期交易工作方案》《河北南部电网 2023 年电力中长期交易工作方案》《河北南部电网 2023 年绿电交易工作方案（暂行）》，确保 2023 年电力中长期合同实现"六签"（长签、足量签、分段签、见签、规范签、电子签），推动市场主体通过市场交易方式形成分时段电量电价，更好拉大峰谷价差，引导削峰填谷；冀北电网要规范开展电力中长期交易工作，南部电网要做好中长期市场与现货市场的衔接；稳步推进绿色电力市场化交易，严格落实支持新能源发展的政策措施，完善适应高比例新能源的市场机制，稳步推进绿色电力市场化交易。

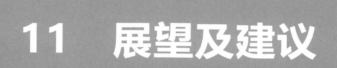

11 展望及建议

在国家及河北省"双碳"战略统领下，河北省将聚焦建设清洁高效、多元支撑的新能源强省，在风电光伏高质量跃升、海上风电有序开发、抽水蓄能提速建设、新型储能大力推广、可再生能源多元化利用、坚强智能电网完善等方面将持续发力，实施专项行动，着力构建多能互补的能源发展格局，扎实推进中国式现代化河北场景落地实施。

加快冀北清洁能源基地开发建设

深入推进张家口可再生能源示范区、承德国家可持续发展创新示范区风电光伏项目建设，以张承百万千瓦风电基地和国家大型风电光伏基地为重点，有序推动张承两地风光规模化、基地化发展，逐步将其打造成为京津冀地区重要的可再生能源供给基地。

着力打造光伏发电应用"三基地"

充分发挥太阳能资源和建设条件优势，在具备规模化开发条件的唐山、沧州及沿太行山区布局光伏发电基地，加快推进太阳能规模化、高效率利用。注重因地制宜、集约节约利用土地资源，在不占用永久基本农田和耕地的前提下，鼓励光伏与农林牧渔相结合的复合式开发模式，推进光伏项目与生态环境保护协调发展；探索推进传统行业能源替代，推动光伏开发与常规能源深度融合。

积极推进海上风电安全有序开发建设

统筹做好海上风电前期工作，统筹开展测风、地勘、水文观测、海底管线及地形测量、船舶通航安全影响等前期工作。统筹做好与国土空间规划衔接，同步规划、合理安排海上集中送出路由、登陆点。按照海上风电项目资源配置办法，统筹场址资源划分和配置。促进相关装备制造及服务业集聚发展，加快建设海上风电运维、配套组装基地等全产业链建设。

有序推动张承以外地区陆上风电建设

在避让基本农田、生态红线、基本草原等区域，确保项目符合土地、生态环保等相关政策要求的前提下，科学有序推动张承以外地区陆上风电项目建设。

全面推动"千乡万村"分布式新能源发展

积极推进屋顶分布式光伏整县试点，打造一批屋顶分布式光伏示范县，建设一批光伏示范村，助力农村地区能源低碳转型。着力推进工业园区、经济开发区等工商业分布式光伏开发，加快推进分布式光伏在火车站、高速服务区等交通领域应用，鼓励新建建筑实施光伏建筑一体化开发。充分挖掘户用分布式光伏开发潜力，鼓励农村居民利用建筑屋顶、院落空地、田间地头等设施建设分布式光伏，积极推动农村能源革命试点建设。

加速推动抽水蓄能开发建设

在确保安全质量的前提下，督促项目建设单位合理安排工期，加快项目建设进度。加快推进纳规项目前期手续办理，加快推进纳规项目核准。统筹考虑站点水源条件、工程建设条件、环境制约等因素，优选一批对电力系统安全保障作用强、对新能源规模化发展促进作用大、经济指标相对优越的抽水蓄能站点纳规。积极探索中小型抽蓄作为风光电源侧储能一体化发展新模式，因地制宜谋划一批风光抽蓄一体化项目（基地）。

推动氢能产业高质量发展

围绕制氢、储运加、燃料电池、应用示范和产业集聚发展、创新体系建设、标准体系建设等七个方面做好相关工作，推动氢能产业高质量发展，为河北省能源转型提供新的增长极。着力突破制氢新技术，着力解决储运加难题，着力加快燃料电池升级，着力打造氢能应用示范，推动氢能产业集聚发展，加强产业创新体系建设，引领氢能行业标准制定。

推动新型储能规模化发展

在电源、电网、用户等环节广泛应用新型储能，推进新型储能应用模式和商业模式多元化发展，重点构建河北省新型储能"一核、一区、两带"发展格局。加快推进电源侧储能项目建设，积极发展系统友好型新能源电站配套储能，推进多能互补项目配套储能建设。加强电网侧储能设施建设，统筹布局独立储能电站，科学配置电网关键节点或区域新型储能。引导用户侧储能灵活发展，鼓励分布式供能系统储能应用，支持重要负荷用户储能建设，鼓励分散式储能应用。新型储能商业模式是推动新型储能规模化发展的关键点。

稳步推动生物质能多元化开发

依据资源条件，优化生物质发电布局，有序发展生物质热电联产，因地制宜加快生物质发电向热电联产转型升级，为具备资源条件的县城、人口集中的乡村提供民用供暖，为中小工业园区集中供热。以县域为单元建立产业体系，积极开展生物天然气示范，逐步实现全域农业有机废弃物综合利用。有序布局建设城镇生活垃圾焚烧发电项目，实现全省生活垃圾焚烧处理全覆盖。

鼓励新能源发展新模式和新业态

鼓励有条件的区域或项目开展老旧风电场和低效光伏电站技术改造升级。积极培育风光发电＋制氢、海水淡化、大数据等可再生能源开发利用新业态，探索建设源网荷储、多能互补、智能微网等多元化新型电力系统。

加快配套电网设施建设

充分发挥现有大型煤电机组调节和输电通道能力，通过配套建设储能、实施煤电灵活性改造等措施，在不增加系统调峰需求的前提下，以多能互补方式输送新能源，最大限度提高输电通道可再生能源电量占比。做好电网发展规划与可再生能源发展规划衔接，加强跨区域输电通道和配套电网建设。围绕提升配电网可靠性，加大整县屋顶分布式光伏试点县的电网改造力度，差异化确定电网建设改造标准，增强配电网接入适应能力。

12　大事纪要

2022 年 2 月 25 日，河北省发展改革委、省财政厅等 9 部门联合印发《关于促进全省地热能开发利用的实施意见》。《实施意见》提出，为稳妥推进地热能开发利用，增加可再生能源供应、减少温室气体排放、实现可持续发展为导向，深入开展地热资源勘查，因地制宜推进地热能项目建设，规范和简化管理流程，建立完善信息统计和监测体系，促进河北省地热能科学有序、清洁高效开发利用，并就具体工作提出了相关要求。

北京 2022 年冬奥会期间，所有场馆都采用绿电供应，这些绿电主要由河北张家口的光伏发电和风力发电提供。通过建设张北柔性直流电网等低碳能源示范项目，实现奥运史上首次全部场馆被城市绿色电网全覆盖。这是奥运历史上首次实现全部场馆百分之百清洁能源供应，也是人类能源史上一次重要突破。

2022 年 3 月 22 日，河北省发展改革委、省工信厅等六部门制定并印发《河北省促进绿色消费实施方案》。河北省将在消费各领域全周期全链条全体系深度融入绿色理念，全面促进消费绿色低碳转型升级。

2022 年 6 月，国家下达河北省新增煤电规模 264 万 kW，是"十四五"以来国家首次安排煤电规模。2022 年 10 月，国家下达河北省新增煤电规模 771 万 kW，是"十四五"以来国家安排煤电规模最多的省份之一。

2022 年 6 月 6 日，河北省平山县营里乡建成投运首个 10kV 兆瓦级新型电力系统示范工程。该工程创新应用自带惯量的构网型控制技术，有效解决光伏发电随机性、间歇性、波动性等问题，实现对电网的主动感知、主动响应和主动支撑，推动清洁能源安全可靠替代，同时提高本地新能源消纳能力和局域电网供电质量，让电力系统运行更稳定，为新型电力系统建设探索出一条新的技术路径。

2022 年 6 月 27 日，总投资 4.6 亿元的雄安新区首座 500kV 变电站——雄东站建成投运。该站是新区电力输送主通道的重要节点，也是新区实现 100% 绿电供应的重要枢纽，投运后将充分保障启动区、高铁、雄东等片区发展用电需求，进一步加快构建雄安世界一流电网的步伐。

2022 年，河北省计划新增新能源项目规模接近 5000 万 kW，超过了"十三五"期间新增装机量总和。预计 2025 年，全省可再生能源装机将实现"倍增"。截至 2022 年 8 月底，河北省风光电总装机 6109.6 万 kW，居全国第一位。

张家口风电光伏发电综合利用（制氢）示范项目是 2022 年河北省重点建设项目，总投资约190 亿元，包括 120 万 kV 光伏项目、150 万 kW 风电项目以及配套氢能"制、储、输、配"一体化项目。9月22日15时，在张北县鉴衡实验基地，我国首台最大单机容量陆上风力发电机组一次并网成功，单机容量为6.76MW，风叶长92m，塔高108m，标志着我国陆上风力发电机组技术实现新突破。

2022年10月12日，河北省发展改革委发布《关于同意开展阜平太行山新能源发展示范基地建设的复函》，全面推进乡村振兴和能源结构转型，建设太行山新能源发展示范基地。文件表示，原则同意《河北阜平太行山新能源发展示范基地实施方案》提出的新能源开发目标，充分发挥风电、光伏资源优势，到2025年规划建设集中式光伏6.3GW、风电1.5GW、抽水蓄能1.2GW，2030年在此基础上进一步实现高质量跨越式发展。积极推动阜平县电网建设，谋划推动阜平500kV输变电工程纳规，力争2024年前开工，2025年前投产。

2022年10月，河北省委十届三次全会提出建设新型能源强省，要加快深化创新驱动发展体制机制，推进产业结构升级，大力推进新型城镇化，加快发展农村电商、共享经济，新城市绿色低碳发展，大力推动能源生产结构转型升级，积极构建清洁低碳、安全高效的现代能源体系，能源生产结构持续优化，朝着低碳、绿色、可持续的方向稳步迈进。

2022年11月，国家电投首个综合智慧零碳电厂在河北保定开工，于12月29日正式并网发电。该项目作为"雪炭行动"保定战役中的首批规划项目，每年可提供绿色电能1.8亿kW·h，占唐县全社会用电量12.56%。

2022年11月21日，河北省自然资源厅印发了《河北省地热资源勘查开发"十四五"规划》。《规划》中明确，到2025年，河北省将建立起适应生态文明建设要求的地热资源管理和保护机制。

2022年12月8日，河北省滦平抽水蓄能电站项目正式开工，是继丰宁抽水蓄能电站之后承德市开工的第二个抽水蓄能项目，也是河北省列入国家发展改革委"十四五"中长期发展规划重点实施项目中的第一个开工项目。作为国内首个与矿坑综合治理相结合的新能源工程、全国首个利用现有矿坑建设的抽水蓄能项目，滦平抽水蓄能电站上水库布置在该县平顶山西沟沟顶，下水库利用某矿业开采铁矿形成的矿坑成库。该项目计划于2028年10月竣工，2029年初正式运营。项目建成后，对缓解冀北电网清洁能源消纳、保障北京应急电力安全保障具有重要意义。

2022年12月16日上午，全球首台套单体每小时产氢量2000Nm³水电解制氢装备产品发布暨量产下线仪式在邯郸氢能产业园举行。碱性水电解制氢设备由中船派瑞氢能公司独立研发，具有完全自主知识产权，实现了高电流密度、宽可调范围、低运行能耗、高稳定性等多项关键技术突破。设备系统能耗达到甚至优于国标一级能效标准，可显著降低30%的运营成本，其广泛应用于绿色能源、氢化工、氢冶金、储能、交通等领域，对于助力实现我国"双碳"目标具有重要意义。中国工业气体工业协会常务副理事长洑春干表示，该设备成功下线标志着我国绿氢行业水电解制氢装备与技术取得国际性突破，推动我国水电解制氢装备与技术迈上了新台阶，将绿氢制取装备"中国制造"推向了新高度。

　　国网新源河北丰宁抽水蓄能电站自 2021 年底首批机组投产以来，截至 2022 年 12 月底，已有 7 台机组相继投产发电，累计发送绿色电力 10.8 亿 kW·h。作为张北柔性直流电网的重要环节，丰宁抽水蓄能电站帮助其将张家口地区的清洁电能输送到各个冬奥场馆，助力实现 100% 绿电供应。据统计，2022 年北京冬奥会、冬残奥会期间，丰宁抽水蓄能电站投运的 1 号、10 号机组共抽水启动 107 次、发电启动 94 次，消纳新能源 1.15 亿 kW·h、发电 8300 万 kW·h。丰宁抽水蓄能电站对于增加风、光等绿色能源在京津冀电网的使用率，正在发挥越来越大的作用，建成投运后将成为世界最大"充电宝"。

　　2022 年 12 月 19 日，作为国家《抽水蓄能电站中长期规划（2021—2035 年）》"十四五"重点实施项目的河北灵寿抽水蓄能电站开工建设。电站位于石家庄市灵寿县寨头乡、陈庄镇境内，装机容量 140 万 kW，安装 4 台 35 万 kW 可逆式水泵水轮机组，由上、下水库挡水建筑物，输水系统，地下厂房及其附属建筑物，补水系统等组成。该项目既是一项生态工程，也是一项惠民工程，对优化电网电源结构、改善电网运行条件、推动碳达峰碳中和目标实现、促进区域经济发展，助力能源强市建设具有重要意义。

　　2022 年，河北省拟安排新能源项目规模接近 5000 万 kW，超过"十三五"期间新增装机量之和。从"发、输、储、用"各环节提出具体举措，通盘谋划新能源发展。截至 2022 年底，河北省风电光伏累计并网装机达到 6652 万 kW，居全国第一位。

声 明

本报告内容未经许可，任何单位和个人不得以任何形式复制、转载。

本报告相关内容、数据及观点仅供参考，不构成投资等决策依据，河北省能源局、水电水利规划设计总院、河北省能源规划研究中心不对因使用本报告内容导致的损失承担任何责任。

本报告中部分数据因四舍五入的原因，存在总计与分项合计不等的情况。

本报告部分数据及图片引自国家发展和改革委员会、国家能源局等单位发布的文件，以及 2022 年全国电力业统计快报、《中国可再生能源发展报告 2022》、中国风能太阳能资源年景公报等报告统计数据，在此一并致谢。